本书列入：国家自然科学基金项目（71973044、71773144），江西省主要学科学术技术带头人项目（20182BCB22008），中南财经政法大学中长期研究项目（31510000049），中南财经政法大学研究生科研创新项目（201810502）

经济学学术前沿书系

JIATING ZICHAN PEIZHI YU
JUMIN XINGFUGAN YANJIU

JIYU JINGJI ZHENGCE BUQUEDINGXING DE YINGXIANG

家庭资产配置与居民幸福感研究

基于经济政策不确定性的影响

刘逢雨　著

经济日报 出版社

图书在版编目（CIP）数据

家庭资产配置与居民幸福感研究／刘逢雨著．——北京：经济日报出版社，2020.12

ISBN 978-7-5196-0729-6

Ⅰ．①家… Ⅱ．①刘… Ⅲ．①家庭－金融资产－配置－研究－中国②居民－幸福－研究－中国 Ⅳ．①TS976.15②D668

中国版本图书馆 CIP 数据核字（2020）第 213960 号

家庭资产配置与居民幸福感研究：基于经济政策不确定性的影响

作　　者	刘逢雨
责任编辑	门　睿
责任校对	梁沂滨
出版发行	经济日报出版社
地　　址	北京市西城区白纸坊东街 2 号 A 座综合楼 710（邮政编码：100054）
电　　话	010-63567684（总编室）
	010-63584556（财经编辑部）
	010-63567687（企业与企业家史编辑部）
	010-63567683（经济与管理学术编辑部）
	010-63538621　63567692（发行部）
网　　址	www.edpbook.com.cn
E-mail	edpbook@126.com
经　　销	全国新华书店
印　　刷	北京九州迅驰传媒文化有限公司
开　　本	710×1000 mm　1/16
印　　张	12.5
字　　数	200 千字
版　　次	2020 年 11 月第一版
印　　次	2020 年 11 月第一次印刷
书　　号	ISBN 978-7-5196-0729-6
定　　价	48.00 元

版权所有　盗版必究　印装有误　负责调换

摘　要

当今时代，各种不确定因素充斥其中。自 2008 年金融危机以来，受宏观经济环境及中美贸易战等各种突发事件的影响，中国经济面临持续下行的压力。为应对经济运行中存在及可能存在的问题，政府采取各种措施对宏观经济进行干预，以期减少经济波动，稳定社会局面。与传统经济政策相比，政府为应对各种不确定因素所制定的经济政策通常时效更快，针对性更强，不确定性更多，对经济影响更为隐蔽（李凤羽和杨墨竹，2015）。经济政策不确定性作为衡量不确定性的一项重要指标，目前已在学术界获得广泛的应用。近年来学者们对经济政策不确定性的研究也成果颇多，主要集中在其对宏观经济指标及微观经济个体影响，而微观的影响又主要以公司、金融机构为主，对家庭影响的研究有待扩展。

家庭不仅是社会生活的参与者，也是宏观经济运行的缩影及微观经济个体活动的重要代表。家庭金融作为近几年金融学研究新兴的分支，对其展开研究不仅可以进一步扩展金融学研究的范畴，具有重要的学术价值，而且研究的结论有利于对政府、市场和家庭具有一定的借鉴意义，产生一定的社会效益。家庭资产配置属于家庭金融的研究范围，家庭资产配置受多方面因素的影响和制约，但尚未涉及经济政策不确定性因素。随着家庭财富规模的扩大及投资渠道的多样化发展，家庭通过资产配置实现资产保值增值的意愿逐渐增强，然而经济政策不确定性在一定程度上减缓了家庭财富的增长，也从不同方面改变了家庭的资产配置结构及数量。

家庭资产配置不仅会对居民经济状况产生影响，也会对居民的主观心理产生影响。党的十九大报告提出，不忘初心，牢记使命。中国共产党人的初心和使命，就是为中国人民谋幸福，为中华民族谋复兴。合理的家庭资产配置不仅有利于家庭实现家庭资产的保值增值，改善家庭经济状况，而且可以提高居民生活质量，提升居民生活幸福指数；反之，则有可能会恶化居民的财产状况，进而降低居民的主观幸福感。同时，经济政策不确定性也可以通过其他特定渠道影响居民的幸福感。随着我国从追求经济数量型到质量型增长，研究经济政策不确定性、家庭资产配置和居民幸福感的关系不仅有利于对居民的家庭资产配置行为提供参考，提升居民的主观幸福感，也有利于社会合理调配资源，高效利用资产，使居民充分享有经济社会进步与财富管理水平提高所带来的益处。

根据以上论述，本文将经济政策不确定性、家庭资产配置与居民幸福感纳入一个整体框架进行研究。文章首先对经济政策不确定性、家庭资产配置和幸福感的相关文献进行了梳理，不仅对现有的研究进行了总结，凸显了所要研究问题的必要性，同时也为本文研究启发了思路。其次，本文围绕不确定性理论、家庭资产配置理论及幸福悖论展开了讨论，进一步夯实了文章的理论基础，还对经济政策不确定性、家庭资产配置和幸福感相互影响的作用机制进行了分析。再次，本文通过使用实证的方法，分别对经济政策不确定性与家庭资产配置、家庭资产配置与幸福感以及经济政策不确定对居民幸福感的影响进行了分析。在研究经济政策不确定性对家庭资产配置的实证分析中，本文分别采用 Probit 模型和 Tobit 模型对 CFPS2010–2016 年数据家庭参与金融市场的概率、深度、资产结构等进行了考察，为避免可能存在的内生性问题，采用滞后期的经济政策不确定性指数进行回归；对于家庭资产配置与幸福感关系的研究，本采用 CFPS、CHFS、CHIP 三个独立的微观数据库进行估计，不仅考虑了家庭的各项资产与负债结构对居民幸福感的影响，同时也将家庭杠杆水平作为衡量家庭资产配置的重要参数进行回归，使用面板数据及工具变量法进行了 Ordered Probit 模型进行估计；关于经济政策不确定性对居民幸福感的影响的研究中，本文采用 CFPS 四期家庭面板数据同时使用多种模型，将家庭资产结构作为资产配置的主要解释变量，不仅考察了三者之间的相互关系，也对经济政策不确定性对幸福影响的作用机制进行了探索。通过这些研究，本文主要得到以下结论：

第一、采用中国家庭追踪调查（CFPS）项目 2010–2016 年微观家庭数据，研究经济政策不确定性对家庭资产配置行为的影响。实证结果表明，经济政策不确定性减少了家庭参与金融市场的概率，家庭出于预防性动机会显著降低风险资产在家庭金融资产中的比重。进一步研究发现，经济政策不确定性增加时，男性居民较女性居民、未婚家庭较已婚家庭、城镇家庭较农村家庭参与金融市场的可能性及金融参与深度呈现出更大程度的下降趋势。此外，经济政策不确定性能够显著增加家庭金融资产、房屋资产、生产经营资产在家庭总资产中的比重，而对于家庭耐用消费品资产而言经济政策不确定性对其具有显著的抑制作用。

第二、从家庭资产配置对居民主观幸福感影响的回归结果来看。本文首先利用CFPS2010-2016年家庭面板数据进行基准估计，结果显示，相对于收入来说，家庭资产显著提高了居民的主观幸福感，家庭负债对居民的幸福感具有明显的抑制作用；居民的主观幸福感随家庭杠杆水平的上升显著下降，通过CHFS2011-2015年面板及CHIP2013截面家庭数据的回归也得到了类似的结论。具体至家庭资产与负债结构对幸福的影响，就家庭资产而言，相对于收入房屋资产对幸福感影响较小，土地会显著降低居民幸福感，耐用消费品、金融资产、生产经营资产等会提高居民的幸福感；至于家庭负债，家庭拥有房屋负债显著提升了居民的幸福感水平，而拥有金融负债的对居民的主观幸福感具有显著的抑制作用。房屋及生活负债相对于收入和资产来说都会降低居民的幸福感，汽车等耐用消费品债务则会提高居民幸福感。家庭财产性收入、工资性收入、转移性收入、经营性收入在家庭总收入中比重的增大对居民幸福感的提升作用依次减弱。与此同时，家庭资产配置还会通过消费渠道和"攀比效应"两种机制影响居民的幸福感。家庭拥有房屋负债通过增加财产性收入提高了居民的幸福感，通过减少经营性收入一定程度上减少了房屋负债对于居民幸福感的提升作用；而家庭拥有金融负债对财产性收入影响不大，主要通过增加经营性收入一定程度上缓解了金融负债对于居民幸福感的抑制作用。

第三、对于经济政策不确定性与居民幸福感的关系来说。基于Baker et al.（2016）构建的经济不确定性指数（EPU）及CFPS2010-2016年微观家庭数据，本文不仅研究了经济政策不确定性对居民幸福感的直接影响，还发现经济政策不确定性可通过家庭资产配置与预期的渠道对居民幸福感产生作用。经济政策不确定性显著降低了家庭的幸福感水平，经济政策不确定性背景下，家庭通过提高金融资产在总资产中的比例在一定程度上显著缓解了这种负向冲击，但家庭消费品资产份额的下降及对未来预期水平的降低则明显减少了家庭的幸福感水平；此外，经济政策不确定性通过房屋资产和生产经营资产结构对居民幸福感的影响并不显著。

根据上述结论，不仅为家庭资产配置有所启示，也为政府宏观调控、市场提供服务提供了有益的参考，从而进一步提升居民主观幸福感。本文主要得到以下政策建议：一是就家庭来说，家庭在进行资产配置时，不仅要关注国家经济政策的变化，但也要根据外部经济环境、自身的财产状况及金融市场的走势理性分析，合理调配家庭各项资产的比例，适度使用杠杆，但也要避免过高杠杆；注重学习各种投资与理财知识，在资产保值增值的同时，提倡适度消费，保持良好的消费习惯，减少盲目消费及购置不动产过度负债，不能一味的进行攀比，应该将更多的资金用于提高家庭生活消费水平及投资经营等方面，使个人的幸福水平能够随着家庭资产结构的改变获得更多的受益。二是就政府而言，在制定各种经济政策时，应尽量保持政策的连续性及稳定性，避免短期频繁的更改经济政策，"朝令夕改"，从而向市场释放出大量经济政策不确定性"信号"，影响家庭经济主体对自身资产结构数量的调整及未来预期的变化，从而降低家庭的幸福感水平。拓宽居民消费与投资渠道，积极引导家庭用于各种资产配置的有效比例，一方面可以提高国内消费水平为经济内生性增长提供动力，另一方面也可以将社会资源的充分有效利用与提升居民的幸福感实现有效的融合。三是就市场来讲，在向家庭提供经济服务的同时也应密切关注政府制定的各项经济政策；除了根据经济政策及时调整产业结构和提供更优质的产品与服务外，也应适时向家庭发布这些政策的正确解读，避免家庭因对经济政策不确定性的曲解或误判对自身资产配置行为产生较大的影响，承受一定的经济损失，也会对居民幸福感产生负面作用。

关键词：经济政策不确定性；家庭；资产配置；风险；居民幸福感

目　录
CONTENTS

导　论

一、研究背景与研究意义

（一）研究背景

当今时代，各种不确定因素充斥其中。自 2008 年金融危机以来，受宏观经济环境及中美贸易战等各种突发事件的影响，中国经济面临持续下行的压力。为应对经济运行中存在及可能存在的问题，政府采取各种措施对宏观经济进行干预，以期减少经济波动，稳定社会局面。与传统经济政策相比，政府为应对各种不确定因素所制定的经济政策通常时效更快，针对性更强，不确定性更多，对经济影响更为隐蔽（李凤羽和杨墨竹，2015）。经济政策不确定性最早是由美国西北大学的 Baker 教授、斯坦福大学的 Bloom 教授、芝加哥大学的 Davis 教授等人构建的一项综合指标，包含自 1997 年至今全球主要国家的经济政策不确定性指数（EPU）。每个国家的 EPU 指数反映了本国报纸的相对频率，包含了与经济（E）、政策（P）和不确定性（U）相关的术语，经济政策不确定性指数在学术界已成为衡量各国经济政策变化的重要依据。

近年来，随着中国经济的平稳快速发展，居民家庭资产也随之不断积累增长。美国波士顿咨询公司 BCG① 最新发布的《2019 年全球财富报告》显示，2018 年中国私人财富规模达到 21 万亿美元规模，位居全球第二。居民家庭资产规模日益扩大，已成为我国社会财富的重要组成部分。随着我国居民家庭社会财富的增加，家庭可支配收入水平的提高，金融行业的发展以及移动电子支付的便捷化，传统的银行、证券、保险等金融机构网点的扩大及金融产品种类日趋多样，新兴的互联网货币基金理财、P2P 网络借贷、众筹、区块链等金融产品及技术更是如雨后春笋层出不穷，家庭所面临的资产选择及投资渠道更加多元化，家庭通过资产配置进行价值投资，实现资产保值增值的意愿逐渐增强。但与此同时，随着中美贸易战的延续，给经济社会发展带来了一定的不确定性，全球家庭财富增长速度明显低于之前年份，经济政策不确定性一定程度

---

① 美国波士顿咨询公司是全球领先的咨询机构，管理学中著名的"波士顿矩阵"便由该公司创立。

上减缓了家庭财富的增长①，也从不同方面改变了家庭的资产配置结构及数量。

幸福（Happiness），即主观幸福感（Subjective Well-Being，简记为SWB），被看作是一种主观福利。2012年，联合国发布首份《全球幸福指数报告》，涵盖各个国家的多项社会领域，并于每年持续发布。时至今日，该报告已成为评价各国幸福水平的一项权威依据，得到国际社会的广泛认可。随着经济社会的发展，各国更加重视经济发展的质量，财富也并非是影响幸福的决定性因素。为盲目追求经济指标，联合国前秘书长潘基文提到，人类在获得"进步"的同时，"也失去了一些本应该珍视的东西"。近年来，随着中国社会民生问题被逐渐重视，有关居民幸福满意感的研究也逐渐丰富。党的十九大报告更是提出，不忘初心，牢记使命，中国共产党人的初心和使命，就是为中国人民谋幸福，为中华民族谋复兴。在此背景下，研究影响幸福的各种因素就显得更有意义。

目前我国正处在经济结构转型升级的关键时期②，面临着内外各种不确定性的影响。经济政策不确定性通过改变市场投资环境与居民的心理预期进一步影响家庭的各项资产配置行为。经济政策不确定性对家庭资产配置行为带来了很大的不稳定性，家庭在配置各项资产的过程中既有可能会获得一定的收益，也有可能产生一定的亏损，从而对居民主观情绪产生影响；合理的家庭资产配置不仅有利于家庭妥善管理好家庭财富，实现家庭资产的保值增值，改善家庭经济状况，而且可以提高居民生活质量，提升居民生活幸福指数；反之，则有可能会恶化居民的财产状况，进而降低居民的主观幸福感。同时，经济政策不确定性也可以通过其他特定渠道影响居民的幸福感。研究经济政策不确定性、家庭资产配置和幸福感的关系不仅有利于对居民的家庭资产配置进行引导，提升居民的主观幸福感，满足人民日益增长的美好生活需要，也有利于政府面临各种不确定因素合理调配社会资源，促进高效利用资产，增强人民福祉，使人民群众共享经济发展与社会进步的所带来的成果。

（二）研究意义

1. 理论意义

第一，构建经济政策不确定性对家庭的传导渠道，完善经济政策不确定

---

① 该项结论来自波士顿咨询公司BCG发布的《2019年全球财富报告》。
② 当前经济结构转型主要体现为供给侧结构性改革与产业结构调整优化。

性传导理论。投资组合与资产定价理论是研究家庭资产配置的重要理论，按照其理论假设条件及发展脉络的不同，可将其分为确定条件下的家庭资产配置理论、不确定条件下的家庭储蓄消费理论及现代家庭资产配置理论。确定条件下家庭资产配置理论主要包括绝对收入与相对收入假说、生命周期假说和持久收入假说，其代表人物为 Keynes（1936）、Duesenberry（1949）、Friedman（1957）和 Modigliani（1963）等人，主要研究对象为确定条件下的家庭储蓄与消费决策问题，研究假设建立在完全预期即确定条件下，并未考虑不确定性因素。不确定条件下家庭的资产配置理论同样大多局限于家庭的储蓄与消费行为决策问题，这方面的研究主要有预防性储蓄理论、合理预期理论、流动性约束理论、随机游走假说、缓冲库存理论等理论，虽然在家庭资产配置的研究过程中考虑了不确定性因素，但研究的范围主要以家庭的储蓄与消费行为为主，对除此之外的家庭资产配置行为研究较少。Markoitz（1952）提出了均值—方差理论，标志着现代家庭资产配置理论的诞生。Markoitz 在研究中认为理性投资者在投资过程中必须同时考虑风险和收益，从而选择最佳的投资组合。Tobin（1958）提出了两基金分离定理，并将无风险资产考虑在内，认为市场上分为风险资产和无风险资产，投资者进行资产配置时，用于风险资产和无风险资产组合的方式可使得投资者的效用水平达到最大化水平。Sharpe（1963）在均值—方差理论和两基金分离定理的基础上进行拓展，建立了以一般均衡框架为基础的资产定价模型，即学界所熟知的资本资产定价模型（Capital Asset Pricing Model，简称为 CAPM）。Samuelson（1969）、Merton（1969，1971）、Fama（1970）、Hankansson（1971）、Kraus & Litzenberger（1975）、Lucas（1978）等人将单期的家庭资产配置理论研究扩展到多期，同样将家庭资产分为无风险资产与风险资产，研究了跨期条件下家庭资产配置及消费的最优选择问题。完全市场条件下家庭资产和收入可自由互相转化，而在不完全市场下二者并不存在这种关系，家庭受流动性约束和收入风险的限制，流动性约束和收入风险减少了家庭风险资产在总资产中的比重（Paxson，1990；Bodie et al，1992；Hassapis & Haliassos，1998；Michaelides，2003）。收入本身会对家庭资产配置产生影响（Jagannathan & Kocherlakota，1996），短期收入冲击产生的影响相对较小（Letendre & Smith，2001），而长期的冲击产生的影响相对较大（Viceira，2001）。

从上述理论来看，虽然家庭的资产配置理论成果颇丰，但几乎没有考察不确定性对家庭资产配置的影响。本文以经济政策不确定性为切入点，考察其对家庭资产配置的影响，既从理论上对原有的投资组合研究结论进行总结，又对不确定条件下尤其是经济政策不确定性对家庭投资行为的影响也是重要的补充。

第二，拓展了幸福经济学的相关理论研究，从宏微观两方面影响因素对其进行了补充。幸福悖论又称伊斯特林悖论，是由美国南加州大学经济学家Easterlin 于 1974 年提出，指收入增长但却不能提升居民幸福的经济现象，世界上主要国家先后都经历过幸福悖论现象（Easterlin，2010）。自 Easterlin（1974）提出"幸福悖论"以来，学术界便普遍对幸福予以关注，国际上也专门有研究幸福经济学的一本期刊 Journal of Happiness Studies。目前中国正处于经济结构转型发展的特殊时期，准确识别国民幸福感的变化趋势，提升经济发展质量，为不断提高居民幸福感提供理论支撑就显得更为重要。

幸福悖论的理论基础认为，幸福反映了居民的效用水平。关于幸福悖论的理论解释主要从三方面展开，即收入比较理论、收入适应性理论及期望收入理论（陈永伟，2016）。Clark et al.（2008）、Paul & Guilbert（2013）、Knight & Gunatilaka（2012）等在其研究中分别对其进行了阐释。收入比较理论认为，居民幸福不仅与收入增长有关，也与相对收入即与他人的收入差距密切相关，相对收入水平的提高有利于促进个人的主观幸福感（Clark et al.，2008）。收入适应性理论则认为，收入增长对于幸福感的提升作用是暂时的，当家庭适应自身的收入水平后，收入对于幸福感的促进作用将逐渐消失（Paul & Guilbert，2013）。从期望收入理论的观点来看，居民会根据自身以往收入、当前收入及与他人的比较产生自己未来的期望收入预期，从而影响自身的主观幸福感（Knight & Gunatilaka，2012）。沿袭已有的理论思路，为探讨经济政策不确定性、家庭资产配置以及经济政策不确定性条件下家庭资产配置对居民幸福感影响的内在机制，我们主要从三方面进行考虑。第一种机制是上述因素的作用可能对居民主观心理产生影响，居民出于攀比心理会提高或降低个人的幸福感；第二种机制是二者的改变可能会带来家庭收入或财富的增加或减少，基于财富效应（李涛、陈斌开，2014；Campbell&Cocco，2007），通常用来衡量居民效用水平的消费会随之变化进而影响个人幸福感。第三种机制是宏微观环境的改变可能使居民的期望水平发生变化，从而进一步影响居民的主观幸福感。理论推导及作用机制的研究不仅进一步明晰了幸福悖论理论基础，也从作用机制层面对经济政策不确定性、家庭资产配置以及经济政策不确定性条件下家庭资产配置对幸福的影响进行了有效检验。

2. 现实意义

首先，有利于拓展经济政策对家庭经济行为影响的相关研究。不确定性（Uncertainty）最早是由 Knight（1921）提出并进行诠释的，他认为不确定性是在任何一瞬间个人能够创造的那些可能被意识到的可能状态的数量，且不确定是不可预测和测量的；然而学界的另外一种观点认为可以用概率来代表不确定性，如瓦尔拉斯的一般均衡理论认为可以用保险来消除不确定性，统计学中通常用标准差或方差来度量不确定性。经济政策不确定性是指社会经济主体无法准确预知政府是否、何时、怎样改变现行的经济政策（Gulen & Ion，2016）。经济政策不确定性不仅会对宏观经济产生作用，也会对微观经济主体带来一定的影响。在微观层面，目前关于经济政策不确定性影响的研究大多集中在企业经营和金融机构活动范围。

就企业经营来说，经济政策不确定性减少了企业经营、社会基础建设、金融市场活动、消费、专利申请等各项经济活动（Gholipour，2019）。当经济政策不确定性增加时，企业会减少对外投资（Gulen and Ion，2016），增加自身现金持有水平（李凤羽和史永东，2016；张光利等，2017），以应对未来可能的政策冲击及资金需求。对于金融机构而言，经济政策不确定性造成银行信贷减少（Hu and Gong，2019），导致银行业的流动性创造水平下降（Berger et al.，2017），降低了银行估值；不仅如此，经济政策不确定性也会增加股票市场的波动（Pastor and Veronesi，2012），投资基金出于预防性动机和市场择时动机在经济政策不确定性上升时会增加对流动性资产比例的持有，降低自身持股比例（李凤羽等，2015）。

家庭作为社会结构中最小的细胞单元，不仅涉及到我们自身生活的方方面面，也是社会微观主体经济活动的典型代表。国内外对影响家庭资产配置因素的研究大多从实证角度入手，运用计量方法对可能产生影响的各种因素进行讨论。国外早期学者 Guiso et al.（2000）、Guiso & Jappelli（2000）利用意大利及主要欧美国家的面板数据研究了影响家庭风险资产配置的因素，而国内史代敏和宋艳（2005）较早使用省级截面数据对影响中国家庭金融资产规模及结构的因素进行了讨论。大量研究表明，居民的资产配置行为既受个人的经济因素的制约与影响，也与个人的个体特征息息相关。财富水平的增加会提高家庭配置风险资产的比例（Guiso et al.，2000；Broer，2017），健康状况下降会显著降低家庭股票或风险资产在总资产中的比例（雷晓燕和周月刚，2010），年龄对于家庭风险资产持有比例的影响呈现出倒 U 型结构（Guiso et al.，2000），已婚妇女较单身女性更易投资风险资产和股票，其风险资产的在总资产的比例也较单身女性大，而已婚男士和单身男性在此方面并没有差别（王琎和吴卫星，2014）。此外，金融可得性、金融知识影响家庭更多的参与正规金融市场和进行资产配置，金融知识及投资经验的增加会促进家庭更多的配置风险资产，提高居民对股票市场的投入资产比例；金融素养水平的提高可以增加家庭投资组合的有效性，并且有助于在股票市场上获利（尹志超等，2014；尹志超等，2015；吴卫星等，2018）。

从以往的研究可以看出，关于经济政策不确定性对微观个体影响的研究主要集中在公司、金融机构层面，对于其对家庭经济活动的影响较为少见；而对于家庭资产配置影响的研究大多仅仅关注居民的个体因素，较少研究涉及到经济政策对家庭资产配置的影响。而本文正是从这一视角出发对这一问题进行研究探索，研究经济政策不确定性对家庭资产配置的影响，以期对家庭金融研究中的相关领域提供参考及补充。

其次，有效识别家庭各项资产配置行为对居民幸福感产生的不同影响。不同的学者从不同的视角及学科领域对幸福做了大量的研究。随着学科交叉研究的增多，幸福被更多的赋予了经济学涵义，幸福经济学逐渐被整合到主流经济学中。关于个人幸福的影响因素，概括起来主要分为个体自然特征因素与经济因素。作为一项心理学概念，幸福本身会因个人性别、年龄、婚姻、健康、教育状况等诸多特征的差异呈现出不同的水平；此外，居民的信仰、工作、医疗参保情况等因素对个人主观幸福感也具有显著的影响（Stone et al，2010；Ashkanasy，2012；Mackerron，2012；Asadullah et al，2018）。对经济因素来说，在经济社会发展的的早期，因经济发展水平程度普遍不高，收入对于幸福的边际影响较为明显，学者们将研究的视角主要集中在收入因素对幸福的影响当中（Easterlin，1995；Easterlin，2005；Easterlin，2010；Huang et al.2016）。随着社会发展水平的提高，收入水平对幸福的影响已比较有限，人们更加注重经济发展的质量，家庭不同种类的资产与负债结构也会对家庭的经济状况产生影响，关于家庭经济因素与幸福关系的研究也逐渐在家庭的资产配置范畴中出现。

　　尽管人们对决定幸福的资产配置行为做了大量的研究，但往往集中于研究某个特定的因素。例如，Bucchianeri（2009）、Rao et al（2016）分别研究了家庭房产、参与股票或基金等金融投资活动与幸福水平的关系。虽然其对家庭资产配置行为与幸福的关系进行了研究，但研究的范围仅限于房屋产权及股票、基金等投资活动。Huang et al（2016）、Tay et al（2017）研究了家庭资产与负债对幸福的影响，但并未考虑到二者的内在结构及其在家庭财富中的比重，这就更加凸显了本文的研究价值和意义所在。资产配置属于家庭金融的研究范畴。家庭金融（household financial）一词始于2006年Campbell就任美国金融学会主席时的就职演说，为金融经济学领域创造了这一名词（Campbell，2006）。目前关于收入因素对居民幸福感影响的研究较多，也涌现出大量的研究结论与成果。近几年，随着经济社会发展质量及家庭资产结构的优化被更多的关注，人们逐渐将研究的视角转向家庭内部资源的结构与分配中来，除收入之外，关于家庭资产配置因素对居民幸福感影响的研究也开始出现。已有的研究分别从资产、负债、住房、消费等方面研究了资产配置对居民幸福感的影响，不同类型的家庭资产配置行为对居民幸福感的影响存在差异。研究表明，幸福与家庭的资产与负债水平密切相关（Huang et al.，2016；Tay et al.，2017）。房屋作为家庭居住的必备场所，拥有房屋产权的家庭比租房者具有更高的幸福水平（Bucchianeri，2009），房屋产权可通过健康、劳动力参与、投资组合等多种渠道影响居民的主观幸福感（Dietz & Haurin，2003）。对于消费而言，消费的绝对值和相对值都会提高居民的幸福感，不同的消费种类对居民幸福感的影响有所差异，消费对于不同居民幸福感的影响又有所不同（Amitava，2006；Noll & Weick，2015；Wang et al.，2015）。关于家庭资产与负债对幸福感的研究发现，家庭的相对资产和绝对资产都有助于提升居民幸福感，但其作用不及收入带来的影响（Knight et al.，2009；Huang et al.，2016）；而负债会降低居民的幸福感，其主要是通过金融领域和财政资源两种渠道对其产生作用（Tay et al.，2017）。

　　目前关于家庭资产配置对居民幸福感的研究大多仅仅关注于具体某一种类的资产配置对居民幸福感的影响，或者对某一种类资产并未深入细化研究，较少有对家庭资产配置对居民幸福感的影响做全面细化的研究。而对于家庭资产配置进行细化研究不仅有利于对家庭科学进行资产配置提供借鉴与参考，进一步优化家庭资产负债结构，提升居民的主观幸福感，也有利于社会合理调配资源，促进高效利用资产，使居民充分享有经济社会进步与家庭财富管理水平上升所带来的益处。

最后，准确判断经济政策不确定性对国民幸福感的作用，为政府制定政策提供参考。在幸福经济学的研究当中，关于幸福的影响因素主要分为微观与宏观两个层面，微观因素在上文已进行总结。从宏观来说，国民收入及其增长对幸福感的影响是不确定的。一些研究表明，国民收入及经济增长会提高居民的幸福感（Veenhoven，1991；Veenhoven，& Hagerty，2006；Leigh & Wolfers，2006；Stevenson & Wolfers，2008）；但另有一些研究指出，国民收入水平的提高不一定会提升居民的主观幸福感（Easterlin，1995；Myers，2000；Blanchflower &Oswald，2005；Brockmann et al，2009）。至于其他宏观经济因素，失业率、通货膨胀率会显著降低居民的幸福感（Macculloch et al.，2001），政府社会保障支出增加可以显著提升居民主观幸福感（Macculloch，2006；Diener & Ryan，2009；Ram，2009）。

目前幸福经济学中研究宏观因素对幸福影响主要从经济增长、通货膨胀、失业率等方面展开（MacCulloch et al.，2001；Easterlin，2005；刘军强等，2012），而关于经济政策对主观心理或情绪的研究几乎没有。经济政策不确定性作为衡量政府经济政策变化的一项综合指数，研究其对国民幸福感的影响具有重要的现实意义，不仅为研究经济政策不确定性与居民幸福感的关系提供实证依据，揭示其内在的关联，丰富相关的文献研究，也为政府制定经济政策提供有益的参考，提高政府实施经济政策的有效性及社会综合治理水平，使人民群众的主观幸福感随着经济社会的发展及政府治理水平的提高不断增长，从而促进国民幸福感水平的普遍提高。

二、主要内容、基本思路及研究方法

（一）主要内容

本文针对经济政策不确定性、家庭资产配置、居民幸福感三个研究对象，通过文献归纳、理论分析、实证研究等多种研究方法，探讨三者之间的相互关系，进而系统研究的经济政策不确定条件下家庭的经济行为及居民幸福感的变动，从理论和实证等方面为相关领域研究提供新的论据。具体来说，本文内容安排如下：

第一部分，导论。首先介绍文章研究的背景和意义，并进一步阐述本文的研究内容、思路和方法、最后进行数据介绍，并提炼出本文可能的创新点。

第二部分，文献综述。回顾相关的文献研究，对此进行归纳总结，并对以往的研究进行评述。文献综述部分主要研究内容为家庭资产配置的影响因素、经济政策不确定性的相关研究以及家庭资产配置与幸福的关系等。

第三部分，理论基础。理论基础主要涵盖以下几个方面：第一，鉴于本文的研究内容及目的，通过文献综述法，系统性梳理不确定性理论、家庭资产配置理论、幸福悖论等理论，以此为构建全书理论研究的基石。第二，讨论经济政策不确定性、家庭资产配置与居民幸福感的理论传导机制，具体而言：①在综述现有相关文献的基础上，从实践和理论上两个层面论证经济政策不确定性与家庭资产配置、家庭资产配置与居民幸福感、以及三者之间的相互互动关系，以此为全文的研究确定视角和范围，让读者更清晰地明确本文的研究目的和定位。②鉴于上述关系的复杂性，在理论分析中既考虑三者之间的直接作用，又考虑通过某种渠道引发的间接效应，为后文的实证研究及机制分析展开铺垫。

第四部分，现状分析。对经济政策不确定性、家庭资产配置、居民幸福感的现状进行描述，为本文更好地进行理论与实证分析提供素材。

第五部分，实证研究。针对经济政策不确定性背景下，我国居民家庭资产配置的变化及幸福感的变化，本部分将立足于宏观经济政策不确定性指数（EPU）及微观家庭层面数据库（CFPS、CHFS、CHIP 等），实证研究经济政策不确定性、家庭资产配置与居民幸福感的相互影响及作用。具体而言：①经济政策不确定性与家庭资产配置；②家庭资产配置与居民幸福感；③经济政策不确定性条件下的居民幸福感。针对每一个子模块，研究的逻辑框架为：首先是问题的提出及模型的设定；其次为模型的估计和结果的分析；再次，对模型进行稳健性检验及传导路径的机制性分析；最后，研究结论与启示。具体就子模块而言：本文将采用目前学术界普遍使用的 Baker et al.（2016）构建的中国经济政策不确定性指数（EPU）作为衡量指标，使其能准确衡量中国经济政策不确定性的变化；其次，为准确把握家庭资产配置的结构变化，使用家庭资产配置的各项指标进行估计；再次，根据所要研究的内容及对象，通过使用 Tobit、Probit、Ordered Probit 等多种模型进行估计。为避免可能存在的内生性问题，利用面板数据、解释变量滞后、工具变量法、倾向匹配得分法等多种方法尽量予以消除。稳健性检验中，运用 OLS、Logit、Ordered Logit 模型进行验证。最后，在机制分析中，通过引入中介变量进行回归，对经济政策不确定性、家庭资产配置与居民幸福感的相互作用机制进行讨论。

第六部分，研究结论、建议及未来的展望。本部分包括研究结论和建议、局限及对未来研究的展望。主要是对全文研究的归纳总结，并在此基础上提出相应的对策建议。指出本文研究的局限性以及未来需要进一步研究的问题。

（二）研究基本思路

本文的基本思路见图 1

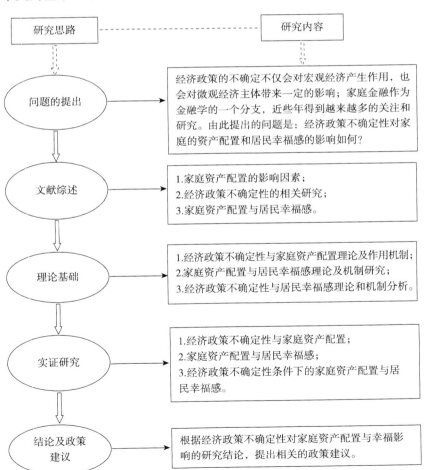

（三）研究方法

1. 理论分析法

在对经济政策不确定性、家庭资产配置与幸福的关系进行理论分析时，本文运用现有的经济金融学理论，将三者纳入同一个研究框架及理论体系。通过使用不确定性理论、家庭资产配置理论、幸福悖论、流动性约束理论、预防性储蓄理论、生命周期假说、攀比理论、消费者效用理论等多种理论进行推理和构造假说，同时探寻这三个研究对象相互作用关系的影响机制，以便于在理论上对所要研究的问题进行必要而充分的解释。

2. 实证研究法

本文实证部分重点要解决的问题有两个：经济政策不确定性对家庭资产配置的影响及家庭资产配置对幸福的影响。文章第四章和第五章两章内容从实证方面对这两个问题进行了讨论。[①] 其中第四章使用 CFPS2010–2016 年数据进行估计，通过构造二元 Probit 模型及 Tobit 模型估计经济政策不确定性对家庭资产配置行为的影响，考虑到潜在内生性的问题，可使用经济政策不确定性滞后一期的变量对模型进行估计；基于不同家庭之间的异质性，按家庭婚姻状况、家庭成员性别、户口类型等进行分组，研究经济政策不确定性对不同特征家庭资产配置行为的影响。最后在原估计的基础上，文章利用 Logit 模型和 OLS 模型对经济政策不确定性与家庭资产配置行为之间的关系进行了稳健性检验。针对第二个问题的实证估计，在第五章本文先利用 CFPS 四轮面板数据进行基准估计。首先用有序离散选择模型（Ordered Probit 模型）进行估计，考虑家庭资产配置种类的多样化及家庭存在的异质性，分别将家庭资产配置种类与家庭样本分类进行进一步研究。之后通过引入工具变量在一定程度上解决可能存在的内生性问题，使用 CHIP2013、CHFS 三轮混合面板数据对原结果进行检验，同时利用 Ordered Logit 模型和 OLS 模型做稳健性检验。最后为进一步探讨家庭资产配置对幸福影响的潜在作用机制，通过引入中介变量对结果进行估计做相关分析。文章第六章重点研究经济政策不确定性、家庭资产配置与居民幸福感三者之间的相互关系。第四、五两章已对其中的两个问题进行了单独讨论，而第六章试图从整体上对三者之间的相互作用进

---

① 为更好地研究经济政策不确定性、家庭资产配置与居民幸福感的关系，本文第六章实证又对三者进行了集中讨论。

行研究，尤其是经济政策不确定性如何影响居民幸福感的作用机制。通过使用前两章的估计方法，得出相应的分析结果。

心理学家倾向于用直接度量的方法来衡量主观福利，即以问答形式用序数选择的指标（如：1、2、3 等）来衡量福利水平即幸福等级，经济学领域也普遍接受用序数来测量个人的幸福水平。目前幸福经济学中对幸福较为流行的测量方法是进行大样本的问卷调查（田国强、杨立岩，2006），在调查问卷中以序数的形式（如：1—10，1 表示不满意，10 表示满意进行排序）来表示个人的幸福水平。有序离散选择模型（Ordered Probit 模型）通常用于因变量有限且为自然排序的实证研究。在研究经济政策不确定性和家庭资产配置对幸福的影响时，因本文被解释变量幸福感是序数离散型结构，且为 5 级有限个序数，参照以往文献中的研究方法及成果，采用有序离散选择模型（Ordered Probit 模型）对所要研究的对象进行解释。模型可设定为：

$$y_i = \alpha_0 + \alpha_1 X_i + \alpha_2 Y_i + \varepsilon_i$$
$$y_i = 2, \beta_1 < y_i \leq \beta_2$$
$$y_i = 3, \beta_2 < y_i \leq \beta_3$$
$$y_i = 4, \beta_3 < y_i \leq \beta_4$$
$$y_i = 5, \beta_4 < y_i \leq \beta_5$$

其中，β_i，$i=1$，2，3，4，5 称作门限值或阈值；下标 i 表示第 i 个人；y_i 表示第 i 个人的主观幸福感，用 1—5 五个级别数字表示；X_i 表示经济政策不确定性或家庭资产配置的各种解释变量；Y_i 表示第 i 个人的个体控制变量；ε_i 表示其他各种随机扰动项。

在考察经济政策不确定性对家庭资产配置的影响时，关于家庭资产配置行为，我们主要考察家庭是否参与金融市场及各项资产在家庭资产中的比重等两方面。借鉴（尹志超等，2014；尹志超等，2015）的做法，本文将家庭参与金融市场定义为家庭是否拥有股票、基金、债券等风险资产[①]；定义家庭各项资产在家庭总资产的比重 = 家庭各项资产 / 家庭总资产。[②] 由于被解释变量家庭是否参与金融市场是一个虚拟变量且为二值离散型的，因此可选用 Probit 分析经济政策不确定性对家庭参与金融市场的影响；而家庭各项资产在

---

① 此处定义主要含义为家庭参与金融市场的概率。
② 此处定义主要含义为家庭的资产结构或资产配置比例。

家庭资产中的比重为一个比例数值，在［0，1］之间，且为截断（censored）的，所以适合使用 Tobit 模型研究其对家庭各项资产在家庭总资产的比重的作用。[1] 参见李凤羽和杨墨竹（2015）的做法，为避免可能存在的内生性问题，本文以经济政策不确定指数滞后一期作为解释变量，其中 Probit 模型设定如下：

$$Y_{i,t} = 1(\alpha_0 + \alpha_1 EPU_{t-1} + \alpha_2 X_{i,t} + u_{i,t} > 0)$$

式中 Y 为虚拟变量，当 $Y=0$ 时表示家庭没有参与金融市场，$Y=1$ 时表示家庭参与金融市场；EPU_{t-1} 表示上一年度的经济政策不确定指数；X 表示家庭的其他特征变量，包括收入因素与非收入因素等；$u \sim N(0,\sigma^2)$，为随机干扰项；i，t 分别表示某一家庭某一年度的变量。而 Tobit 设定为：

$$y_{i,t}^* = \alpha_0 + \alpha_1 EPU_{t-1} + \alpha_2 X_{i,t} + u_{i,t}$$

$$Y_{i,t} = \max(0, y_{i,t}^*)$$

其中 y^* 表示家庭各项资产在家庭总资产的比例大于 0 小于 1 的数值；Y 表示各项资产在家庭总资产的比例；其余变量含义与 Probit 设定相同。

在研究家庭资产配置的影响的各项因素中，除本文所要重点研究的经济政策不确定性之外，还应重视其他因素对资产配置的影响效果。因本文主要研究经济政策对家庭资产配置的影响，因此将与家庭相关的其他特征变量作为控制变量，经济政策不确定性作为解释变量对家庭的资产配置进行研究。相对来说，本文对经济政策不确定性与居民幸福感变量的度量较为一致，而在选择关于家庭资产配置的有关变量时，为体现家庭资产配置行为的决策及资产结构，本文分别研究家庭是否参与股票等金融市场及各项资产在家庭总资产的比例作为被解释变量，以期更好的对家庭参与金融市场的决策及各项资产在家庭总资产的比例进行解释。

以上研究通过使用多套家庭微观数据，采用多种方法进行估计，不仅保证了实证结果的可靠性及可信度，也为上述研究提供了新的实证依据。本篇论文中所有数据的处理、计算和实证检验均使用 Stata15 软件完成。

---

① 此处定义主要含义为家庭参与金融市场的深度。

三、数据来源及创新点

（一）数据来源

本文以家庭资产配置行为为研究核心。根据研究问题的需要，出于估计结果的全面性、稳健性及科学的严谨性出发，采用了多个数据库，其中以微观家庭数据为主。具体数据来源如下：

1. 经济政策不确定性指数（EPU）

关于解释变量经济政策不确定性（EPU），本文采用目前学术界普遍使用的 Baker et al.（2016）构建的中国经济政策不确定作为衡量指标。该指数为斯坦福大学与芝加哥大学联合发布，以我国香港的最大的英文报刊《南华早报》（South China Morning Post，简称 SCMP）做文本分析，以月度为单位识别出关于中国经济政策不确定性的文章数量，并与当月《南华早报》刊登的总文章数量相除，得到中国经济政策不确定指数的月度数据，具体介绍详见 www.Policy uncertainty.com 网站。因本文采用的微观家庭面板数据为年度数据，因此取各月度的平均值作为当年度的经济政策不确定指数。

2. CFPS 数据

CFPS 数据来源于北京大学中国社会科学调查中心（ISSS）组织的中国家庭追踪调查（China Family Panel Studies，CFPS）项目。CFPS 项目于 2008 和 2009 两年在北京、上海、广东三个城市开展了测试性的初次访问与追访调查，并在 2010 年正式启动，为国家自然基金委与北京大学重大资助项目。该项目重点关注中国家庭的经济活动、教育情况、人口变迁、健康状况、经济与社会福利等主题，是一项全国性、综合性、社会性调查项目。CFPS 以 2 年为一周期，目前已公布 2010、2012、2014、2016 共四年的面板调查数据，涵盖全国 25 个省 / 自治区 / 直辖市的家庭样本，目标样本规模为 16000 户。该项目得到了多个政府部门和国内多所著名高校的支持，调查数据样本覆盖面广，样本稳定性好，代表性强，且为近几年新获得连续年份的面板数据，因此具有较高的学术价值。本文第四章和第六章分别研究经济政策不确定性对家庭资产配置和居民幸福感的作用，而经济政策不确定性的度量以时间为单位会有不同趋势的变化，适合使用不同年度的家庭数据进行研究，因此在上述章节中运用 CFPS 数据进行考察。

3.CHFS 数据

中国家庭金融调查（China Household Financial Service，CHFS）项目是西南财经大学中国家庭金融研究与调查中心在全国范围内开展大型问卷调查，该调查已对外公布 2011、2013、2015 年三年成功调查的数据，采用三阶段分层抽样方法，主要内容包括人口特征、就业、社会保障与保险、收入与支出、家庭财富与负债等家庭金融微观层面的信息。其中 2011 年调查规模涵盖全国25 个省（市、区），82 个县，320 个村（居）委会，样本涉及 8438 户家庭。2013 年调查规模涵盖全国 29 个省（市、区），267 个县，1048 个村（居）委会，样本涉及 28141 户家庭。2015 年调查规模涵盖全国 29 个省（市、区），351 个县，1396 个村（居）委会，样本涉及 37289 户家庭。该项目不仅为连续跨年数据，与 CFPS 数据相似可用于研究宏观经济政策对微观家庭的影响；同时因有效样本逐年扩大，也可用于混合非平衡面板的估计，适用于为学术研究及为政府决策提供数据支持。

4.CHIP2013 数据

CHIP2013 数据来自北京师范大学中国家庭收入调查项目（China Household Income Projects），该项目由北师大中国收入分配研究院与国内外专家学者联合完成。CHIP2013 根据国家统计局城乡一体化常规住户调查大样本库，在全国范围内按照系统抽样方法对东部、中部、西部进行分层；样本覆盖了 15 个省、126 个城市、234 个县区的住户样本。其中城镇住户样本 7175户、农村住户样本 11013 户。数据内容主要包括住户个人和家庭的基本信息、家庭结构、就业状况、主要收支情况、住户资产配置情况等方面的内容。本文第五章主要研究家庭资产配置对居民幸福感的影响，将样本个人数据与家庭数据、农村与城镇家庭样本进行合并研究。CHIP2013 数据虽然仅为单一年份的截面数据，但由于其项目为中外研究人员合作，在国内外具有广泛的认知度；且在国家统计局协助下完成，样本数量规模较大。①

（二）文章的创新点

本文可能的创新点主要体现在研究方法的创新和应用的创新。

---

① 因 CHIP 数据库时间跨度较大，除 2013 年数据外，其余年份数据均相对较早，因此本文仅选取 2013 年的截面数据进行研究。

1. 研究理论的创新

本文的理论创新主要体现在对经济政策影响微观家庭行为影响传导渠道的梳理和完善。现有文献更多关注于经济政策对公司层面影响的理论分析，而本文从理论和机制上探讨经济政策不确定性对家庭资产配置、居民幸福感的传导机制，同时进一步完善了家庭金融中资产配置对居民幸福感影响的相关理论与作用机制，对现有幸福经济学的研究提供有益的参考和补充。

2. 研究内容的创新

本文以经济政策不确定性、家庭资产配置、居民幸福感为核心，构建了一个统一的研究体系。居民财富及收入分配话题近些年逐渐成为学术研究的热点，本文从微观层面出发研究了家庭资产配置对居民幸福感的影响，拓展了家庭金融的相关研究；又从宏观经济政策的视角探讨其对微观家庭个体的作用，从理论和实证方面剖析其中的关系，为政府制定经济政策及家庭合理配置资产提供论据，从而使居民的幸福感随着政府经济政策、家庭资产配置的改变获得更多的提升。

3. 研究方法的创新

在研究方法上，关于经济政策不确定性、家庭资产配置与居民幸福感关系研究的难点在于如何克服内生性问题。作者在实证分析中，在估计中通过使用面板数据、引入工具变量、解释变量滞后、倾向匹配得分等多种方法，有效缓解了内生性问题，保证了估计结果的稳健性。

（三）文章的不足

1. 研究方法的局限性

由于本文主要是用微观家庭数据库作为研究对象，因此使用的计量方法主要以 Probit 模型、Ordered Probit 模型、Tobit 模型、倾向匹配得分法等，并未涉及宏观计量模型及方法，这与目前宏观家庭数据较为缺乏有关。随着家庭的宏观数据的不断丰富，后期考虑综合使用 DSGE 及 VAR 模型研究家庭资产配置的相关问题。

2. 数据的一致性问题

在讨论家庭资产配置对居民幸福感影响的实证研究中，本文同时使用了国内 CFPS、CHFS、CHIP 等多个微观家庭数据库，虽然在一定程度上保证了实证研究结果的稳健性及可靠性，但由于不同数据库之间的调查范围、调查方法、统计口径、调查时间不同，研究结果存在着一定的差异，因此需要对各个数据库的数据进行对比后得出结论。

第一章　文献综述

本章内容主要从家庭资产配置的影响因素、经济政策不确定性的相关研究以及家庭资产配置对居民幸福感的影响等三方面对国内外相关文献进行归纳总结，一方面理清现有的研究成果及思路，另一方面在此基础上发掘本文的研究价值所在，提炼出可能的贡献与创新点。

第一节　家庭资产配置的影响因素

国内外对于影响家庭资产配置因素的研究较为丰富。这方面的文献大多从实证角度入手，运用计量方法对可能对家庭资产配置造成影响的各种因素进行研究。相对来说，国外对影响家庭资产配置因素的研究起步较早，且研究较为深入；国内研究虽然起步较晚，但进展较快，涌现出大量的研究成果。国外早期学者 Guiso & Jappelli（2000）、Guiso et al.（2000）利用意大利及主要欧美国家的面板数据研究了影响家庭风险资产配置的各项因素，发现家庭配置风险资产与财富、年龄、教育有显著的相关性。此外，金融知识与信息对家庭资产配置也有较大影响。而国内学者史代敏和宋艳（2005）较早使用省级截面数据对影响中国家庭金融资产规模及结构的因素进行了研究，主要从年龄、财富规模、户主性别、受教育程度、家庭责任、家庭资产规模、获得金融服务的便利性等影响居民家庭金融资产结构的因素进行实证分析，并与国外研究进行对比，对当时居民家庭资产结构存在的问题提出了相应的政策建议。2006 年 Campbell 在就任美国金融学会主席时对之前的研究进行了归纳整理，主要介绍了家庭资产分配决策和风险资产持有数量的多样化，为金融经济学领域创造了家庭金融（household finance）这一名词，并通过对 2001 至 2003 年美国家庭资产中抵押贷款的选择进行研究，发现年轻、受教育程度高、白种人的富裕家庭有可能对他们的抵押贷款进行再融资。

大量研究表明，居民的资产配置行为受多方面因素的影响。这些行为既与个人的个体特征息息相关，也会受家庭经济因素、外部环境等的影响与制约，而本文也主要从这三方面对影响家庭资产配置的因素进行介绍。

一、个体特征因素

目前学术界研究较多的个体特征因素主要有：性别、年龄、婚姻状况、教育、健康、参保情况、风险偏好、金融知识与素养等方面。

（一）性别

男女因生理构造及社会分工的不同，自然而然会产生性格及行为选择的差异。史代敏和宋艳（2005）认为，户主性别通过影响家庭的风险承受能力，间接的对居民家庭的资产配置行为产生作用。理性的人通常为风险厌恶者，但受制于主观及客观因素的影响，不同性别的个体面对风险时往往表现出不同的风险偏好，这就导致家庭在资产配置过程中体现出差异化的选择。Agnewet al.（2003）通过对家庭退休账户资产配置行为的研究发现，男性在进行投资时往往股权配置程度更高，且股票交易的频率高于女性群体。Shum & Faig（2006）使用美国消费金融数据库（Survey of Consumer Finances，SCF）1992–2001 年的数据进行研究，也得到了类似的结论。魏先华等（2014）以中国的家庭数据为样本，通过使用结构方程模型（Structural Equation Modeling，SEM），对家庭资产配置可能产生影响的各种因素进行筛选，发现性别对家庭金融资产投资影响的差别不大，这可能与数据样本差异、变量选取及研究方法的不同有关，关于性别对家庭资产配置的影响有待进一步进行探索。

（二）年龄

居民家庭具有生命周期的特征，随着年龄的增长，家庭对于不同种类的资产需求有所差异，因此家庭的资产配置行为会有不同程度的变化。此外，不同的年龄群体投资理念、偏好及考虑的问题不同，这就导致家庭资产配置行为在各个年龄层面出现不同的结果。大量的研究表明，年龄对于家庭风险资产持有比例的影响呈现出驼峰型结构，与此同时对于无风险资产持有比例的影响则呈现出"U 型"结构（Guiso et al.，2003；Shum & Faig，2006；李涛，2006；魏先华等，2014）。也有学者从家庭内部的年龄结构入手研究年龄对于家庭资产配置的影响。蓝嘉俊等（2018）通过使用中国家庭金融调查（CHFS）2013 年的数据，发现家庭中老年人比例的上升会降低家庭金融参与的概率与深度，少儿比例的上升会提高家庭参与金融市场的概率及深度。家庭将抚养子女看作是一种"投资"行为，家庭为培养子女更愿意承担风险；而赡养老人被视为是一种"回报"行为，家庭为追求稳定通常不愿承担较大的风险。家庭成员内部年龄结构的变化通过不同的动机改变家庭风险偏好水平，从而进一步影响家庭的资产配置行为。

（三）婚姻状况

婚姻是影响家庭资产配置的重要因素。不仅由于婚姻是一项人口统计学特征，更重要的是婚姻会给人带来一种安全感，降低个人风险感受。国内外对于婚姻状态对家庭资产配置影响的研究结论较为一致，即婚姻对家庭参与金融市场具有促进作用。Bertocchi et al.（2011）通过对意大利家庭的数据研究发现，已婚家庭比单身家庭更倾向于投资风险资产，这种婚姻状况差距对女性来说更为明显，这是由于单身与已婚男性的背景风险没有较大的差异。在研究框架中，Bertocchi et al.（2011）将婚姻视为一种"安全资产"，与风险资产存在一定的替代关系，已婚家庭家庭总收入大于未婚家庭，背景风险较小，因此增加了风险资产在家庭总资产中的比重。王琎和吴卫星（2014）研究了婚姻对家庭风险资产选择的影响，并结合性别、家庭收入、财富等因素进行研究。研究结果发现，已婚妇女较单身女性更易投资风险资产和股票，其风险资产的配置比重也较单身女性大，而已婚和单身男性此方面并没有差别，与 Bertocchi et al.（2011）的研究结论相似；此外，中等收入家庭在配置风险决策时更易受到婚姻状况的影响。

廖婧琳（2017）沿袭以往的研究路径，不仅考虑了婚姻状况对家庭资产配置的影响，进一步把婚姻质量纳入其研究范畴，得出的结论为，婚姻质量能显著影响家庭的资产配置行为。其中，经济贡献满意度能显著提升已婚家庭对风险资产的投资，而家务贡献满意度则对家庭参与金融市场具有明显的抑制作用，研究方法及结论也为婚姻对家庭资产配置影响的研究拓宽了思路。

（四）教育水平

教育是一项提高家庭综合素质的活动。受教育程度高的家庭通常接受新鲜事物较快，能够更快的对新型金融产品进行了解和接受，在进行资产配置往往具有较大的选择空间。此外，教育水平较高的家庭往往具有较强的综合分析能力及敏锐的洞察力，更容易在投资市场获利，受教育水平的提高会促进居民参与风险市场（Vissing-Jorgensen，2002；尹志超等，2014）。史代敏和宋艳（2005）通过研究进一步发现，户主学历较高的家庭金融资产总量低于户主学历较低的家庭，这是由于户主学历较高的家庭收入稳定性较强，与户主学历较低家庭相比更偏向于购买同等价值的耐用消费品与房屋。在股票市场上，教育程度较高的家庭股票资产在金融资产中的比重大于教育程度较低的家庭，表明教育程度较高的家庭更善于进行投资组合与财富管理。对于储蓄型保险，教育程度较高的家庭参与比重较低，一方面是由于这部分家庭工作与生活较为稳定，对未来保持乐观的预期，认为不需要过多的储蓄型保险；另一方面也是因为这类家庭工作单位通常福利较好，已经为员工提供了必要的保障。

（五）健康状况

健康是指居民无论是在生理还是心理方面均处于良好的状态，健康状况对家庭资产配置的影响是多方面的。国外学者 Rosen & Wu（2004）最早利用美国 Health and Retirement Study（HRS）的调查数据研究了健康状况对家庭资产配置的影响。结果表明，健康状况影响家庭拥有不同类型金融资产的概率及各种类资产在家庭财富所占的比重。健康状况不佳的家庭不太可能持有风险金融资产，且风险资产在家庭财富所占的份额较小，安全资产在家庭财富中所占的份额反而较大。Berkowitz & Qiu（2006）进一步研究发现，健康状况对家庭金融和非金融资产的影响并不是对称的，当家庭成员被诊断出一种新的疾病时，家庭金融资产会有较大幅度的减少，且减少规模大于非金融资产。在控制了不同健康水平家庭的金融财富差异后，发现健康对家庭资产配置没有影响。文章由此得出结论，健康状况的变化对家庭财务组合的影响是间接的，健康冲击显著降低了家庭总的财富水平，进而影响到家庭的资产配置行为。国内学者雷晓燕和周月刚（2010）、吴卫星等（2011）使用中国的调查数据同样研究了健康对于家庭资产配置的影响，得出与 Rosen & Wu（2004）相似的结论，即健康状况对城市居民资产选择影响较大，健康状况变差会使其减少持有金融资产，将资产转移至房产及生产性资产等安全性较高的方向，同时减少持有风险性资产，而健康状况对农村居民的影响并不显著；此外，健康状况变好会显著提高股票或风险资产在家庭资产中所占的比重。不同之处在于，上述研究还发现家庭成员的健康状况可通过风险态度和遗赠动机两种机制影响家庭的资产配置行为。

除生理健康外，家庭成员未来的健康风险和心理健康问题同样会影响家庭的资产配置行为。Atella et al.（2012）分析了具有不同健康服务体系的十个欧洲国家的居民当时的健康状况和未来健康风险对持有风险资产的影响，发现感知的未来健康状况的影响要显著于客观的健康状况，只有提供较少健康服务的国家，居民的健康风险会影响资产组合选择。Bogan & Fertig（2013）基于美国 1996—2008 年 HRS 的调查数据，分析了心理健康和认知功能在家庭投资组合决策中的作用，发现受精神健康问题影响的家庭减少了对风险工具的投资，认知能力的提升与退休账户中的金融资产增加有关。

（六）参保情况

社会保障是经济社会发展一项基本的社会制度，为家庭提供必要的保护支持。社会保障一方面降低了家庭未来面对不确定风险可能需要支付的费用，另一方面也从心理上给家庭带来一定的安全感，使得家庭能够更加放心地去进行投资活动。[①] 周钦等（2015）利用中国居民家庭收入调查数据（CHIP2002）研究了医疗保险对家庭资产配置的影响。通过实证分析，发现医疗保险对家庭资产配置具有显著的作用，但对城市与农村家庭的影响差别较大。城市参保家庭风险资产的持有率及风险资产在总资产中所占的比重均高于非参保家庭，生产性资产持有率较低；农村参保与非参保家庭风险资产持有率差别不大，参保家庭金融资产持有率较低，生产性资产持有率较高。这是由于我国城乡二元结构不同的生产生活方式、家庭观念及投资渠道所造成的。Qiu（2016）通过使用美国 HRS 的调查数据研究了健康保险与家庭资产配置的影响，发现参加医疗保险的家庭更倾向于投资股票，且股票资产在金融资产中所占的比例通常更大，得到的结论与周钦等（2015）基本一致。

（七）风险偏好

偏好是经济学中一项重要的假设，理性投资者在面对资产选择时，通常会选择预期收益最大的投资组合；而风险偏好者面对预期收益相同的产品

---

① 社会保险在社会保障中处于核心地位。在我国，社会保险主要包括医疗保险、养老保险、工伤保险、失业保险、生育保险等。

时，往往会选择风险程度更大的产品，因为这可能会给他带来更高的收益。Campbell（2006）研究发现，风险偏好、投资参与度与家庭财富相互影响。风险偏好及投资参与度较高的的家庭对积累财富往往具有较高的热情，随后这部分家庭会进一步提升自身的风险偏好水平，且倾向于投资更多的产品，从而进一步增加财富规模。Yilmazer & Lich（2015）运用美国1992–2006年的调查数据发现，当夫妻有不同的风险偏好时，家庭投资组合中风险资产的比例随着具有更大议价能力的配偶的风险容忍度的增加而增加，即风险资产的投资取决于更具风险承受能力的配偶的议价能力。国内也有学者通过研究发现风险偏好的增加促进家庭更多的参与金融市场和风险资产配置（尹志超等，2014）。

（八）金融知识与素养

金融知识与素养与教育相似，可视为家庭的人力资本。尹志超等（2014）根据CHFS2013的调查数据，研究了金融知识、投资经验对家庭资产配置的影响。结果显示，金融知识及投资经验的增加会促进家庭更多的配置风险资产，投资经验的累积会提高居民对股票市场的投入资产比例，并且有助于在股票市场上获利。在研究对资产配置影响的范畴内，学者们的研究视角不仅仅局限在家庭金融市场参与活动，也从资产配置的有效性等方面进行展开。吴卫星等（2018b）在清华大学中国金融研究中心"中国消费金融现状及投资者教育调查"2011年调查数据的基础上，通过使用评分累加法及因子分析法得得到家庭关于金融素养的变量，采用风险资产历史收益率、未来收益率及完整收益率数据构造夏普比率，用以衡量家庭资产配置的有效性。研究结论表明，金融素养水平的提高可以增加家庭投资组合的有效性，东部地区家庭资产组合的有效性大于中西部家庭。

二、经济因素

具体就家庭经济因素来说，目前研究家庭财富对资产配置的影响主要集中在家庭财富、房产、收入等方面。

（一）家庭财富

对于家庭资产配置的研究显示，财富对于家庭资产配置的影响作用较为明显。Guiso et al.（2000）通过对跨国数据进行研究，发现家庭财富水平的提高会增加家庭配置风险资产的比例。吴卫星和齐天翔（2007）使用中国的调查数据研究发现，家庭财富对于居民参与金融市场的概率和深度具有显著的提升作用，Wachter & Yogo（2010）在研究中也得到了类似的结论。Campbell（2006）基于美国的调查数据发现，贫穷的家庭主要持有流动性资产与汽车，中产阶级家庭主要进行房屋投资，高收入家庭则主要持有权益资产。史代敏和宋艳（2005）对中国家庭的实证分析显示，家庭财富规模的扩大能够显著降低储蓄存款在家庭资产中所占的比重，提高股票资产所占的份额，而储蓄型保险对家庭财富水平的反应并不显著。吴卫星等（2015）在研究中还发现，财富水平较高的家庭不仅更倾向于参与金融市场，其资产配置效率也往往高于财富水平较低的家庭。

（二）房产

房屋是家庭资产重要的组成部分，在多数家庭，房屋通常占据家庭最大的资产份额，因此研究房屋对家庭资产配置影响的文献相对较多。财富房屋具有双重属性。一方面，房屋为家庭生活提供必要的居住场所，体现了消费品的属性。另一方面，房产本身具有较大的市场价值，能够进行交易及抵押贷款，具有资产的属性，因此会对家庭的资产配置行为造成影响。Flavin & Yamashita（2002）在均值方差模型中分析了房屋对家庭资产配置的影响。他们认为，与其家庭资产净值相比年轻家庭持有房产比例较高，因此面临着较高的杠杆水平，具有较高的投资风险，因此家庭资产多用于偿还房屋贷款或购买债券等安全性资产，从而降低了参与股票市场的份额。Cocco（2005）通过研究，也得到了类似的结论，他认为年轻和贫穷家庭因财富水平有限，房屋购买占用了家庭大量的资产份额，对股票市场参与较少，股票收益相对较低，因此房屋对这部分家庭投资股票具有较大的替代作用，挤出了家庭风险资产投资。Yao & Zhang（2005）研究了从房屋租赁或拥有中获得住房服务的投资者的最优动态投资组合决策。结果表明，当拥有和租赁之间不存在差异时，拥有房屋的投资者股票资产在其总资产中所占的比例较低，反映了房产对股票投资具有替代效应，但股票投资在其流动性投资组合（债券和股票）中所占的比例较租房家庭高，反映了拥有住房的家庭家庭资产配置的多元化效应。

尹志超等（2014）基于中国家庭的调查数据，发现用于产权住房的家庭参与金融市场的概率及风险资产的投入比重通常较低，即房屋产权对于家庭风险资产投资具有挤出效应。吴卫星等（2014）通过研究发现，家庭购买首套房屋会对风险资产的持有具有挤出效应，但购置房屋数量的增加反而会提高股票等风险资产的配置，即多套住房对家庭资产配置的影响可能是以资产配置效应为主，并非仅仅为单一的挤出效应。此外，房屋贷款可能对年轻人融资参与金融市场具有促进作用，拥有大产权住房的家庭也有可能更多的参与风险投资。李涛和陈斌开（2014）基于中国家庭的调查数据研究了住房对于家庭消费的影响。结果表明，房产对于中国家庭而言主要体现出消费品的属性，即房屋主要是满足家庭的居住要求，即使是大产权或二套住房，也大多是家庭为改善居住条件而购买的，作为投资产品用途较少，住房价格的上涨对于提高居民消费作用较小。Chetty et al.（2017）提出，房屋对家庭资产配置的影响应区分为房产净值与房屋贷款。通过实证研究发现，房产净值的提高会增加家庭持股水平，而房屋贷款比重的提高将会降低家庭的股票持有。

（三）收入

家庭资产通常规模较大，变现能力较差，对家庭资产配置的影响主要以间接效应为主；而收入作为家庭财富的重要来源，可支配性较强，更容易对家庭资产配置产生直接作用。Heaton & Lucas（2000）通过研究发现，收入水平高且收入变动较大的家庭比同等收入水平的家庭持有更少份额的风险资产，收入风险对家庭参与风险资产投资具有显著的抑制作用。Vissing-Jorgensen（2002）、尹志超等（2014）在研究中发现，家庭收入水平的提高使得家庭更有能力支付股票等交易成本，从而促进家庭更多的进行风险投资，其参与风险投资的概率及比例均高于低收入家庭。Dynan et al.（2004）对家庭收入与储蓄的关系进行了研究，结果表明随着家庭终生收入水平的提高，家庭储蓄率得到显著的提升；终生收入水平虽然能够提高增加家庭的边际储蓄倾向，但结果并不显著。Broer（2017）发现美国家庭投资组合中外国股票的比例随金融财富与非金融收入比例的增加而增加。

三、外部环境

家庭资产配置除了受家庭本身的特征及经济因素作用外，也与外部环境的影响密不可分。[①]Vissing-Jorgensen（2002）以美国的家庭数据为样本，同时考虑股票市场固定交易成本、变动交易成本和周期参与成本，研究了其对家庭参与股票投资的影响。结果表明，固定交易成本与周期参与成本能够显著降低家庭参与股票投资的倾向，而变动交易成本对股票投资行为影响不大。此外，市场中的交易摩擦也会对家庭资产配置行为造成影响（Dammon et al.，2001）。金融行业的发展不仅为家庭带来了更多的资产选择，也为家庭提供了更多的金融服务。尹志超等（2015）从金融的可得性入手，采用CHFS2011的调查数据，研究了金融可得性对家庭资产配置的影响。通过研究发现，金融可得性的提高一方面会增加家庭持有股票即风险资产的概率及比例，另一方面会降低家庭参与非正规金融市场活动。金融可得性的增加通过降低民间借出供给，从而降低了家庭参与非正规金融市场的概率及比重。研究还发现，金融可得性的增加对中西部及农村家庭的资产配置行为具有更大影响。

从上述文献来看，对家庭资产配置影响因素的研究已经形成丰硕的成果。然而，通过观察可以看到，这些因素大多集中于微观层面，而宏观因素对家庭资产配置的研究较为少见。这就为本文研究经济政策不确定性对家庭资产配置的影响提供了一个较好的切入点，为宏观因素对家庭资产配置影响的相关研究做好铺垫。

第二节　经济政策不确定性的相关研究[②]

不确定性（Uncertainty）最早是由Knight（1921）提出并进行诠释的。他认为不确定性是在任何一瞬间个人能够创造的那些可能被意识到的可能状态的数量，且不确定是不可预测和测量的；然而学界的另外一种观点认为可以用概率来代表不确定性，如瓦尔拉斯的一般均衡理论认为可以用保险来消除不确定性，统计学中通常用标准差或方差来度量不确定性。目前关于不确定

---

① 此处的外部环境主要指外部宏观经济形势及金融市场交易环境等。

② 因目前经济政策不确定性对于家庭资产配置影响的文献较少，因此本部分主要对经济政策不确定性的相关研究进行总结归纳，从而为研究其对家庭资产配置的影响提供思路。

性的研究主要集中在宏观经济不确定性（王义中和宋敏，2014）、环境不确定性（申慧慧等，2012）、融资不确定性（连玉君和苏治，2009）、现金流不确定性（刘波等，2017）、收入与支出不确定性（罗楚亮，2004）等方面。学者们大多从所要研究的问题出发，构造不同的不确定性指数，用来研究其对各种经济活动的影响。近年来，随着经济政策不确定性指数（Economic Policy Uncertainty，EPU）的出现，关于不确定性的研究大量的集中在这一领域，已经成为不确定性研究最为重要的组成部分。

经济政策不确定性是指社会经济主体无法准确预知政府是否、何时、怎样改变现行的经济政策（Gulen & Ion，2016）。目前学术界主要集中在两方面对经济政策不确定性展开研究，即经济政策不确定性的宏观效应及微观影响，由于经济政策不确定性指数（EPU）最早是由国外学者 Baker 等人所构建的，因此国外研究起步较早，且成果颇多；而国内关于这方面的研究虽然起步较晚，但也涌现出大量学术价值较高的结论。

一、经济政策不确定性的宏观效应

经济政策不确定性对于宏观经济的影响主要体现在其对宏观经济指标及各种交易市场的影响中。

（一）经济政策不确定性与宏观经济指标

国外学者 Stock & Watson（2012）采用动态因子模型，利用 2007–2009 年美国经济衰退及复苏时期的数据进行研究，得到经济政策不确定性是造成经济衰退的主要原因之一。不仅如此，经济政策不确定性可以通过银行影响信贷渠道减缓经济衰退复苏的步伐，甚至会恶化经济衰退的后果（Bordo et al.，2016；Basu & Bundick，2017）。Colombo（2013）基于宏观经济数据采用 SVAR 模型研究了美国经济政策不确定性对欧元区国家宏观经济指标的影响。经研究发现，美国经济政策不确定性的增加对欧洲工业生产及价格变动具有显著的抑制作用，美国经济政策不确定性对欧洲国家经济指标总量的冲击大于欧洲国家经济政策不确定性指数对其自身的影响效果。Leduc & Liu（2015）研究发现，不确定性的增加相当于施加了负的总体需求冲击，他们同时运用 VAR 模型和 DSGE 模型验证了经济政策不确定性增加了失业率，降低了社会通货膨胀率，而搜索摩擦产生的期权价值渠道放大了不确定性的影响。

Baker et al（2016）通过使用面板 VAR 模型发现，经济政策不确定性减少了包括美国在内的全球 12 个主要经济经济体的投资、产出及就业水平。Gholipour（2019）基于 19 个主要高收入及新兴经济体国家 1996– 2016 年的年度数据，通过应用面板矢量自回归（PVAR）和动态最小二乘法（DOLS），结果表明，经济政策不确定性冲击在短期内引发商业固定投资、社会基础建设、房地产活动、金融市场活动、专利申请等社会各项经济活动负面的作用，长期来看经济政策不确定性对上述除专利申请外的其他经济活动均有显著的负向影响。

国内金雪军等（2014）从中国宏观经济数据出发，通过使用 FAVAR 模型构造脉冲响应函数探讨了经济政策不确定性对各项经济指标的影响。通过研究发现，经济政策不确定性降低了 GDP、价格变动、消费、投资、出口等宏观经济指标，引发通货膨胀率、汇率、房地产价格、股票价格的降低。方差分解结果显示，经济政策不确定性对通货膨胀率和汇率的影响最大，对投资、房地产价格、出口的影响居中，对消费和股票价格的影响最小。通过对作用机制的研究进一步表明经济政策不确定性主要是通过预期渠道对宏观经济指标产生影响。黄宁和郭平（2015）以省级面板数据为样本，运用 PVAR 模型研究了经济政策不确定性对中国消费、投资、CPI、经济增长等指标的影响。实证结果表明，经济政策不确定性对上述经济指标具有短期的抑制作用；具体就区域划分，经济政策不确定性对西部地区的 CPI 和消费、东部地区的经济增长抑制作用更为明显；就影响周期来看，经济政策不确定性短期内对短期内东部地区、长期中的西部地区作用更大。许志伟和王文甫（2019）通过使用最大份额法（Max–share）VAR 模型及新凯恩斯 DSGE 模型对经济政策不确定性的宏观效应进行了研究。实证结果表明，经济政策不确定性降低了物价和产出水平，经济政策不确定性相当于一个负的冲击，通过影响公众的预期进而对经济波动产生作用；在结构转型的过程中，随着劳动供给弹性及收入份额的减小，经济政策不确定性进一步对宏观经济产生不利影响。

从已有的研究来看，经济政策不确定性对社会宏观经济指标的冲击几乎都是负面的，会导致产出、消费、投资和工作时间等显著的下降（Basu & Bundick，2017）。同时，作为衡量政府经济政策的一项综合指标，通过对样本期内和样本期外的分析表明，经济政策不确定性指数在统计与经济学中能够较好地对未来经济衰退进行预测（Karnizova & Li，2014）。

（二）经济政策不确定性对市场的影响

目前经济政策不确定性对市场影响的研究主要体现在金融、商品、能源等市场上。当经济政策不确定增加时，股票的平均价格有下降的趋势；而当经济政策不确定性很大时，这种价格下跌的趋势会更大（Pastor & Veronesi，2012）。就金融市场来说，Ko &Lee（2015）从时间和频率两方面研究了美国经济政策不确定性与股票价格的相互关系。小波结果显示，二者负向相关；随着时间的推进，这种变化呈现出由低频向高频的趋势。与此同时，当美国与其他国家经济政策不确定性发生重合时，频率变化时间重叠。Liu & Zhang（2015）研究了经济政策不确定性对股票市场波动影响。实证结果表明，经济政策不确定性导致股票市场波动明显增加；此外，经济政策不确定性作为一项外生变量对于预测股票市场波动具有较好的稳健性。Brogaard & Detzel（2015）研究了经济政策不确定性对美国金融市场超额回报率的影响，发现经济政策不确定性能够预测市场中三个月的异常收益，此外，经济政策不确定性中的创新因素在 Fama-French 25 个规模动量投资组合中获得了显著的负风险溢价，研究表明经济政策不确定性是股票市场上重要的风险因素。Arouri et al.（2016）基于美国 1900-2014 年股票市场的样本，研究了经济政策不确定性对股市的影响。结果表明，经济政策不确定性降低了股票回报，且在极端波动期这种影响更为持久强烈。Fang et al.（2018）使用 GARCH-MIDAS 模型研究了全球经济政策不确定性指数（GEPU）对于黄金期货收益率方差的短期和长期分量的影响。经研究发现，GEPU 能够积极显著的预测全球黄金期货市场整体未来的月度波动率，在样本外环境下，GEPU 的预测能力仍然很强。进一步研究发现，具有 GEPU 的 GARCH-MIDAS 模型及其实现的波动性优于其他规范，表明包含低频 GEPU 信息的 GARCH-MIDAS 模型显著提高了预测能力。

在能源及商品市场上，Antonakakis et al.（2014）以 1997-2013 年石油净出口国和石油净进口国为样本，研究了经济政策不确定性与石油价格变化之间的动态关系。研究结果显示，经济政策不确定性与石油价格冲击存在相互负向效应，其中在 2007-2009 大衰退时期，总溢出效应大幅增加。You Wet al.（2017）采用分位数回归的方法研究了 1995-2016 年中国经济政策不确定性和原油价格冲击对股票收益率的影响。研究结果表明，经济政策不确定性和石油价格冲击对股票收益率回报的影响效果是不同的，经济政策不确定性在危机前对股票价格的影响更大。Zhang et al.（2019）以中美两国的不确定性指数建立时间序列模型，分别研究其对国际能源、信贷、股票、商品市场的影响。结果表明尽管中国的国际影响力不断提升，但美国对于上述市场的主导地位依旧未发生改变，美国对于发起中美贸易争端更多是出于政治因素而非经济动机。

二、经济政策不确定性的微观作用

在微观层面，关于经济政策不确定性的影响大多集中在企业经营和金融机构活动范围。

（一）经济政策不确定性与企业经营

就企业层面来说，经济政策不确定性对于企业的影响主要体现在现金持有、资本结构、投资、创新、高管变更和企业金融化等方面。现金持有及资本结构是企业开展正常经营活动的重要保障。当经济政策不确定性增加时，企业无论是从程度还是速度上来说都会增加自身的现金持有水平（李凤羽和史永东，2016；Gulen &Ion，2016；张光利等，2017），以应对未来可能的政策冲击及资金需求。当企业股权集中度较低、融资约束水平较高、学习能力较差时，这种现金增持行为更为明显。企业增持现金，一部分代价是放弃当前的投资机会，这便成为了企业增持现金在经济政策不确定性时的机会成本（李凤羽和史永东，2016）。除股权集中度、融资水平、学习能力会影响企业在经济政策不确定性的现金持有水平外，经济政策不确定性对国有企业、具有政治关联和银企关系密切的企业现金持有行为影响较小（张光利等，2017）。王红建等（2014）通过对2011-2011年中国A股上市公司的数据进行研究，发现经济政策不确定性的增加对上市公司的现金持有水平具有促进作用，现金的边际效应降低，这时上市公司存在严重的代理问题，现金持有行为以"代理观"为主；随着经济政策不确定性的降低，企业现金持有量下降，现金持有行为反而以"权衡观"为主。在研究中还发现，经济政策不确定性对市场化程度较低的企业影响作用更大。Zhang et al.（2015）研究了经济政策不确定性对2003-2013年中国上市公司资本结构的影响。经研究发现，经济政策不确定性降低了企业杠杆比率，对于市场化程度较低、国营企业或银企关系密切的企业这种降低作用有所缓解。进一步研究发现，经济政策不确定性对企业的负面效应源自外部融资环境的恶化，企业会通过更多的贸易信贷调整自身融资结构。王朝阳等（2018）以 1999-2003 年中国工业企业数据库中制造企业为样本，研究了经济政策不确定性对企业资本结构的影响。研究发现，经济政策不确定性通过加强企业和以银行为代表的金融机构的不确定性规避减缓了企业的资本结构动态调整，企业的资本动态结构调整因行业政策变动敏感度的差异有所不同。

经济政策不确定性不仅会影响企业的现金持有水平与资本结构，也会对企业投资产生较大影响。[①] 目前，经济政策不确定性减少了企业的投资行为已得到大量研究的印证，不同之处在于影响的机制、效果及异质性企业分类有所差异。Kang et al（2014）考察了经济政策不确定性及其构成要素对企业投资的影响。研究发现，经济政策的不确定性与企业不确定性的相互作用，抑制了企业的投资行为。当企业由于税收、医疗支出和监管的变化可能对其经营成本产生影响时，他们通常会更加谨慎地参与投资；经济政策不确定性在经济衰退期间对不确定性较高的企业投资的影响更大。研究还发现，新闻报导的经济政策不确定性冲击对企业投资具有长期显著的负面影响，经济政策不确定性对规模较大的企业投资决策影响不大。Wang et al（2014）研究了经济政策不确定性如何对中国上市公司产生影响。结果显示，经济政策不确定性减少了企业投资，经济政策不确定性对私营企业、内部融资较多、投资回报率较高的企业影响较小。与此同时，市场化程度较高地区的企业对经济政策不确定性的变化更为敏感，保持经济政策的稳定性与透明度有助于提高企业投资效率。李凤羽和杨墨竹（2015）利用 2002-2013 年中国沪深两市 A 股上市公司的样本研究表明，经济政策不确定性的增加会抑制企业投资行为，且在 2008 年金融危机之后这种抑制作用更为明显。此外，企业的股权集中度、所有权性质、学习能力、机构持股比例、投资不可逆程度都会影响经济政策不确定性减少投资的效果。Gulen &Ion（2016）使用美国 1987-2011 年 7861 家公司会计数据衡量了经济政策不确定性对公司及行业投资行为的影响。研究发现，经济政策不确定性降低了企业投资水平和债务发行量，对于投资不

---

①　家庭与公司同属于微观经济主体，与公司采取的现金持有、资本结构、投资决策相对应的是，经济政策不确定性对家庭的影响主要体现在对其储蓄、资产配置等的影响方面。

可逆程度高、财务约束大以及行业竞争程度小的企业这种投资减弱作用更为明显。陈国进和王少谦（2016）构建了一个多期条件下代表性企业的最优选择模型，以中国 2003-2014 年上市公司为研究对象，研究了经济政策不确定性对企业投资行为的机制传导渠道。研究表明，经济政策不确定增加时，企业的资本成本和资本收益率抑制了企业的投资率，从而降低了企业投资行为，且这种机制表现出行业非对称性与逆周期性。饶品贵等（2017）基于中国企业 2002-2013 年的市场和财务数据，研究了经济政策不确定性对企业投资行为的影响。实证结果表明，经济政策不确定性虽然显著降低企业的投资行为，但可以显著提升企业的投资效率。将企业按照地区市场化程度和产权特征进行划分后发现，经济政策不确定性对受政策影响较大的企业的投资行为影响作用更大。谭小芬和张文婧（2017）对经济政策不确定性影响企业投资行为的机制进行了分析，发现其可通过金融摩擦及实物期权两种路径对中国企业投资产生抑制作用，即通过资本流动性价值影响企业投资行为。在影响作用及效果上，实物期权渠道效果更明显，财务状况对主导渠道的确定具有很大的作用，金融摩擦对融资约束较大的企业影响效果更为明显。张成思和刘贯春（2018）在三期投融资模型中引入经济政策不确定性的变量，以 2007-2017 年上市公司季度数据为研究对象，讨论了经济政策不确定性对中国实体企业投融资的影响。经研究发现，经济政策不确定性对企业固定资产投资具有抑制作用，高融资约束的企业在经济不确定升高时现金持有增长幅度及杠杆率降低幅度大于低融资约束企业。此外，经济政策不确定性通过影响固定资产收益率、现金流不确定性、未来现金流预期对企业的投融资决策产生作用，但对债务融资成本影响并不明显。

经济政策不确定性对企业经营的影响还表现在创新、高管变更、企业金融化等方面。在创新层面，郝威亚等（2015）通过使用实物期权理论解释了经济政策不确定性如何影响企业创新行为。实证结果表明，经济政策不确定性对企业的研发投入决策具有一定的推迟作用，从而减少了企业创新行为。研究进一步发现，经济政策不确定性增加时，融资约束较小的企业对于研发面临较大的机会成本，企业出于谨慎动机推迟研发投入，从而对自身的创新活动具有更大的抑制作用。顾夏铭等（2018）基于 A 股上市公司专利申请及 R&D 投入的数据研究了经济政策不确定性对于创新的影响，结果发现，经济政策不确定性反而促进了企业专利申请和 R&D 投入，对企业创新产生选择和激励效应。与此同时，经济政策不确定性对创新的影响受行业特征、企业所有权归属、金融约束与政府补助的影响。具体到高管变更与企业金融化，饶品贵和徐子慧（2017）采用 A 股上市公司的数据研究了经济政策不确定性对企业高管变更的影响。研究结果发现，经济政策不确定性增加时，企业通常出于风险对冲的考虑减少了变更高管的倾向，其中风险承担能力较弱的企业这种倾向更为明显。进一步研究表明，当企业面临经济政策不确定性发生高管变更后，继任者从内部选拔的概率较大。彭俞超等（2018）研究了经济政策不确定性对企业金融化的影响。研究发现，经济政策不确定性减弱了企业金融化的进程，且这种作用在竞争激烈行业和中西部地区更加明显。同时还发现，经济政策不确定性对企业金融资产投资总值及金融资产结构都会产生作用；当经济政策不确定性增加时，企业出于规避风险目的，通常会增加保值类金融资产的持有，降低投机类金融资产的比重，经济政策不确定性对融资约束小的企业金融化趋势抑制作用更大。

（二）经济政策不确定性与金融机构活动

对于金融机构而言，经济政策不确定性造成银行信贷减少（Bordo et al.，2016；He & Niu，2018；Hu & Gong，2019），贷款增长率降低则导致银行估值降低，对于贷款占总资产比率较高的银行经济政策不确定性的负面影响更为明显（He and Niu，2017）。Berger et al（2018）通过 100 万次的观察研究发现，经济政策不确定性可以通过资产、负债、表外囤积导致银行业的流动性创造水平下降。进一步研究发现，这些影响主要来自银行供求选择，而不是客户选择，这表明了经济政策不确定性对实体经济不利影响的原因。Hu & Gong（2019）使用 19 个主要经济体银行层面的数据研究发现，经济政策不确定性对银行的影响效果不同。对于规模较大的银行和风险较高的银行，经济政策不确定性对贷款增长的负面影响更大，而对于流动性更强的银行和多元化程度更高的银行，经济政策不确定性的负面影响更弱。研究还发现，经济政策不确定性对银行贷款的影响主要取决于国家审慎监管。至于投资基金，李凤羽等（2015）利用 2007-2014 年 725 只我国 A 股市场投资基金的样本数据作为研究对象，发现经济政策不确定性增加时，投资基金出于预防性动机和市场择时动机在经济政策不确定性上升时会增加对流动性资产比例的持有，降低自身持股比例。

从已有的研究来看，关于经济政策不确定性对微观个体影响的研究主要集中在企业、金融机构层面，对于其对家庭经济活动影响的研究较为少见；而对家庭资产配置影响的研究大多仅仅关注于居民的个体因素，较少研究涉及到经济政策对其的影响。本文试图从这些问题出发对其进行研究探索，研究经济政策不确定性对家庭资产配置及幸福感的影响，以便于对家庭金融研究中的相关领域研究提供新的结论。

第三节　家庭资产配置与居民幸福感

家庭资产配置与幸福感是本文要集中讨论的两个重要概念，关于家庭资产配置与居民幸福感的关系本文主要从幸福的影响因素和家庭资产配置对幸福的影响两方面对相关文献进行梳理。

一、幸福的影响因素

幸福，本身是一种主观心理感受。随着经济社会的发展，国际社会更加重视经济发展的质量，传统的经济指标已不能充分衡量个人对于社会发展的满足感，人类发展的最终目的是为了获得更高层次的幸福。而经济学是研究有限资源的最大化收益，可以使用经济学的研究范式用来讨论如何获取更多的幸福。在这种背景下，"幸福经济学"应运而生，幸福被引入经济学研究范畴被认为是经济学的一场革命（Frey，2010）。为定量分析幸福这种不易度量的主观效应，经济学中通常将幸福定义为一个可以测量的变量，且在应用经济学领域幸福已经广泛用于度量居民的效用水平（陈永伟，2016）。关于个人幸福的影响因素，概括起来主要分为个体自然特征因素与经济因素。

（一）个体自然特征与幸福

作为一项心理学概念，幸福本身会因个人性别、年龄、婚姻、健康、教育状况等诸多特征的差异呈现出不同的水平；此外，居民的信仰、工作、社保参保情况等因素对个人主观幸福感也具有显著的影响（Stone et al.，2010；Ashkanasy，2012；Mackerron，2012；Asadullah et al.，2018；王艳萍，2017）。

在性别特征中，因女性对绝对收入水平要求低于男性，更容易得到满足，因此通常表现出更高的幸福水平（Mackerron，2012；Asadullah et al，2018）。

就年龄来说，Stone et al.（2010）通过对2008年美国电话调查数据的研究显示，幸福与年龄的关系呈 U 型结构，即随着年龄的增长，各种压力及负担与日俱增，中年人比青年和老年人更表现出更低的幸福水平，且这一结论得到了大量研究的印证。Zimmermann & Easterlin（2006）在对德国 15 年的数据研究中发现，婚姻对幸福感具有明显的提升作用，在结婚前后两年婚姻能够显著增加幸福感水平，即所谓的"蜜月期"效应，之后有所下降。总体来说，婚姻对家庭成员的幸福感起到十分积极而长久的促进作用，离婚、分居及丧偶等则会在很大程度上降低家庭成员的幸福感水平（Mackerron，2012；王艳萍，2017）。健康状况包括身体与心理健康两方面。身体和心理健康都会对家庭成员的幸福感产生显著的提升作用。尽管收入对家庭的幸福水平也具有较强的正向影响，但其影响作用不及健康水平（Mackerron，2012）。幸福水平除了取决于家庭成员真实的健康状况之外，还与家庭对本国医疗保障水平的信心有关。Deaton（2008）通过对 132 个国家幸福感的研究发现，尽管一些国家居民健康状况较差，但因对本国医疗保障的信心这些国家的居民幸福感水平并未受到太大影响。教育不仅提高了个人的综合素质，也为家庭社会生活提供了必备的技能，对幸福感具有重要的影响；教育水平不同的个体通常表现出不同的幸福水平（Mackerron，2012；王艳萍，2017）。教育对幸福感的影响分为直接效应与间接效应，一方面教育水平较高的个体通常表现出更高的"自我评价"与自信水平；另一方面，教育水平较高的个体一般收入水平较高，就业率也普遍较高，因此幸福感水平也较高（Cuñado & Gracia，2012）。在中国社会，党员通常具有较高的社会认知度，无论是在政府机关还是企事业单位，党员升迁的概率一般较高，所以可能会获得更高的幸福感（李磊和刘斌，2012）。工作为家庭提供稳定的经济来源，给家庭成员带来心理上的安全感，因此会对家庭成员的幸福感产生影响。不仅如此，由于社会比较、社会规范及参照值的存在，居民会对自身的就业状况产生评价，当个体处于失业状态而社会成员普遍处于充分就业时，家庭成员幸福感水平就会下降（李后建，2014）。社会保险作为整个社会保障系统中关键的一环，在缓解家庭意外风险，保障国民经济社会正常运行发挥重要的保障功能（Bairoliya et al.，2018）。有研究显示，家庭参与社会保险可以显著提升居民的幸福感水平，且社会保险中的医疗、养老、失业、工伤、生育等保险均对幸福具有显著的促进作用（张子豪和谭燕芝，2018）。

（二）经济因素与幸福

关于影响幸福经济因素的研究，主要分为宏观与微观两个层面。Easterlin（1974）在其著作中通过对 1946-1970 年 19 个国家的数据进行研究得出结论，在各国内部经济，收入与幸福感呈现出显著的正向关联；然而通过跨国数据进行比较，富裕与贫穷国家的国民幸福感水平相差不大，即经济增长并没有提高国民的幸福水平，这便是学界所熟知的"幸福悖论"[①]。

从宏观来说，国民收入及其增长对幸福感的影响是不确定的。除 Easterlin 外，也有许多学者发现国民收入及经济增长不一定会提升居民的主观幸福感。Myers（2000）通过研究发现，欧美等发达国家都先后经历过"幸福悖论"现象。Blanchflower &Oswald（2005）对比了 35 个国家的样本数据显示，虽然澳大利亚的联合国人类发展指数世界排名很高，但幸福指数却处于较低排名。Brockmann et al（2009）基于中国 1990-2000 年的调查数据进行研究，发现在此期间尽管中国物质生活水平大幅提高，但幸福感却相对下降，造成这一现象的原因主要是收入水平出现分化，从而影响了经济增长对幸福的促进作用。然而还有一些研究表明，国民收入及经济增长能够提高居民的幸福感。Veenhoven & Hagerty（2006）以 1946－2004 年巴西、印度等发展中国家与西欧国家为研究对象，发现经济增长促进了这些国家幸福感水平的提升。Leigh & Wolfers（2006）通过用人均 GDP 代替人类发展指数衡量经济发展程度时发现，通过更大样本的对比发现，经济增长提高了澳大利亚国民的幸福水平，得出与 Blanchflower & Oswald（2005）相反的结论。Stevenson & Wolfers（2008）通过对近 100 个国家几十年的调查数据研究发现，各国的幸福感水平与经济增长呈现出明显的正相关关系。刘军强等（2012）对中国 2003-2010 年近 10 年的家庭数据进行研究，发现经济增长为国民幸福感的提升提供动力，而经济衰退则降低了国民的幸福水平。至于其他宏观经济因素，Macculloch et al.（2001）以欧美 12 个国家的数据为样本，发现失业率、通货膨胀率的升高会显著降低居民的幸福感。政府社会保障支出增加可以显著提升居民主观幸福感。Di Tella & MacCulloch（2006）对欧洲 11 个国家居民幸福感的研究发现，政府增加失业保障支出可以普遍提升居民的幸福感。Diener & Ryan

---

[①] 尽管文献中具有大量的研究反驳了"幸福悖论"，但不可否认的是，时至今日"幸福悖论"现象在现实世界中仍大量存在。

（2009）从理论上分析了政府支出对居民幸福水平的促进作用，即政府支出降低了居民的预防性储蓄动机，增加了居民的消费，而消费对居民幸福感具有提升作用。Ram（2009）基于145个国家的样本进行研究，在控制了一系列变量之后，发现政府支出比重的增加提高了居民的幸福水平。胡洪曙和鲁元平（2012）使用中国的调查数据进行研究，结果表明政府支出的确对居民的幸福感具有提升作用，研究进一步印证了政府支出是通过增加居民消费进而影响幸福水平。

在微观层面，因收入是影响家庭经济状况最直接有效的来源，因此国内外大量的研究集中于这一因素。继1974年提出"幸福悖论"以来，Easterlin在其随后的研究中反复讨论了收入与幸福感的关系。Easterlin（1995、2005）提出，在一个国家的一段时间内，收入较高的人确实具有较高的幸福水平。然而，提高所有人的收入水平并不能增加所有人的幸福感。幸福并非随着人均收入水平的增加而提高，取决于个体的相对水平。即当个体收入大于社会平均水平时，个体幸福感水平得到提升，而当个体与周围其他人收入普遍提升且相对水平并无太大变化时，个体幸福感保持不变。不仅如此，收入增加对幸福的影响逐渐变小。Easterlin（2010）利用更广泛的样本国家进一步研究发现，收入在短期内对幸福感可能具有促进作用，然而从整个生命周期来看，收入并不能提高个人的幸福水平。也有学者通过对收入与幸福关系的研究，认为不存在"Easterlin悖论"现象。Sacks et al（2010）基于对数据的分析进行了论证，在各个国家内部富裕的人比贫穷的人拥有更高的幸福水平，国家之间收入水平较高的国家通常幸福感较高，个体的幸福感水平随着国家收入水平的提高获得提升。这些都显示绝对收入水平提高了幸福感。Sacks et al（2012）还通过盖洛普对25个国家的调查数据进行研究，同样得出绝对收入水平是影响幸福感重要因素的结论，同时收入比较理论也很难有证据对其进行支持。Knight et al（2009）、邢占军（2011）、刘宏等（2013）使用中国家庭的微观数据研究发现，收入与幸福感存在一定的正相关，过去及未来的相对收入比当前收入、永久性收入比当期收入更能影响居民的幸福感水平，能够显著提升居民的幸福感。Asadullah et al（2018）同样基于中国2005–2010年的调查数据进行研究，结果显示相对收入对富人幸福感的提升作用较为显著，而绝对收入能够明显的提高穷人的幸福水平。尽管学术界对于收入与幸福感关系的研究有所争议，但不可否认的是，居民的幸福水平与居民的收入与财富水平密切相关。除收入之外，家庭的资产配置行为同样会对居民幸福感产生影响。

二、家庭资产配置对幸福的影响

家庭的资产配置资金来源于其各项可自由支配于消费和投资的收入与财富等。目前关于收入因素对居民幸福感影响的研究较多，也涌现出大量的研究结论与成果。近几年，随着我国社经济社会发展质量及家庭资产结构的优化被更多的关注，人们逐渐将研究的视角转向家庭内部资源的结构与分配中来，关于家庭资产配置因素对居民幸福感影响的研究也开始出现。

已有的研究分别从资产、负债、住房、消费等方面研究了资产配置对居民幸福感的影响，不同类型的家庭资产配置行为对居民幸福感的影响存在差异。一些研究表明，幸福与家庭的资产与负债水平密切相关。李江一等（2015）通过对中国家庭的微观数据进行研究，发现家庭资产能够显著提升幸福感，而负债对幸福感具有显著的抑制作用；不同的资产与负债种类对幸福感影响的效果有所差异，汽车、房屋、耐用品等资产和工商业、房屋负债对幸福感影响较大。此外，相对资产、负债分别通过"示范效应""攀比效应"、健康等渠道进一步影响幸福感。蔡锐帆等（2016）研究了风险性金融资产和房产对居民幸福感的影响。结果表明，风险性金融资产的持有降低了居民的幸福感，风险性金融资产及消费性住房资产在总资产中比例的升高降低了居民幸福感，投资性房产比例越高，居民表现出较高的幸福水平。分组研究进一步发现，拥有风险性资产的居民风险性资产和消费性住房对其幸福水平的影响更大，对于没有风险性资产的居民来说，房产在家庭总资产中比例的变化对其影响更大。Huang et al.（2016）以中国城市的调查数据为样本，讨论了相对收入、相对资产对居民幸福感的影响。结果显示，家庭绝对收入与幸福水平正相关，相对收入与幸福水平负相关，相对资产与幸福不相关；家庭资产对幸福的作用不及收入带来的影响。Tay et al.（2017）对负债影响幸福感的研究进行了回顾，得出负债能显著降低居民幸福感的结论，建立了负债对幸福感的影响机制的模型，即负债主要是通过金融领域的溢出效应（如健康状况可能会受到影响）和金融资源压力对幸福产生影响。为进一步验证假设模型，作者使用盖洛普美国大学生网络调查的数据检验了负债幸福感影响效果及作用机制，研究结论支持了作者的观点。房屋占据了家庭财富相当大的份额，因此在家庭资产配置中关于其对幸福影响的研究相对较多。Dietz & Haurin（2003）使用跨学科的研究方法归纳总结了房屋产权对居民幸福感可能产生作用的几种路径，包括健康状况、劳动力参与、投资组合、自尊心与个人安全等多种渠道。Bucchianeri（2009）基于调查数据的研究显示，房屋作为家庭居住的必备场所，拥有房屋产权的家庭比租房者在时间利用上更加高效，改善家庭的生活质量，从而具备更高的幸福水平。李涛等（2011）利用中国的家庭住房的调查数据进行实证分析，结果表明不同产权的房屋对幸福感影响的效果不同，拥有大产权房屋家庭较拥有小产权房屋居民幸福感水平更加显著，房屋可以通过预防性储蓄与流动性约束两种机制影响居民的幸福感。研究还发现，大产权房屋数量对于流动性约束相对较低、预防性储蓄动机相对较弱的居民幸福感提升的边际影响逐渐减少。刘宏等（2013）实证研究了财富对于幸福感的作用，发现永久性收入与房产财富比当期收入更能提高居民的幸福感，且其相对值对幸福感的影响大于二者的绝对值，而收入对于幸福感的提升作用又大于房产财富。张翔等（2015）对房屋的资产属性与居住属性对幸福的影响进行了研究，结论为房屋的资产属性（包括房屋预期价格变化、房屋产权、房屋实际价格变化）对居民的幸福感影响不显著，而房屋的居住属性（包括人均住宅面积、房间数量、房屋居住时间等）对居民幸福感有显著的促进作用。对于拥有多套房屋的家庭，除首套房屋外，其余房屋对幸福感的影响并无资产与居住属性。对于消费而言，消费满足了人们对于商品或服务的评价，消费越多，人们的幸福感或满足感就越强，因此会对幸福产生促进作用（Dutt，2006；王艳萍，2017）。Noll & Weick（2015）基于德国家庭的调查数据实证研究了家庭消费对于幸福感的影响，结果表明幸福感水平随着家庭消费支出的增加而提高，服装和休闲支出提高了居民的幸福感水平，而食品和住房被认为是可能促进幸福感提升的支出反而对其无显著影响。此外，研究还表明，消费支出最低十分之一的人比收入最低十分之一的人幸福感水平更低，自愿决定导致的低消费水平不会降低幸福感水平。Wang et al.（2015）通过使用中国家庭的调查数据探讨了消费与幸福的关系，结果显示家庭总消费能够显著提升幸福感，不同人群及不同类型的消费对幸福的影响有所不同，服装、交通、通讯、福利等支出更能提高幸福感。此外，相对消费水平对幸福感也有重要的影响。胡荣华和孙计领（2015）同样以中国家庭的调查数据为样本讨论了消费对幸福感的作用。实证结果显示，消费的绝对值和相对值都会显著提高居民的幸福感，但小于收入对幸福的影响。对于受教育程度较低、收入较低、经济社会地位较低的人群，消费所带来的幸福感程度更高；具体到消费种类，休闲文化娱乐、通讯交通、人情往来、耐用消费品、服装等消费更能影响幸福感。

从已有的研究文献来看，关于家庭资产配置对居民幸福感的研究大多仅仅关注于具体某一种类的资产配置对居民幸福感的影响，或者对某一种类资产并未深入细化研究，较少有对家庭资产配置对居民幸福感的影响做全面细化的研究。通过进一步细化研究，不仅可以准确识别具体不同种类的资产配置幸福感的影响大小及效果，也可以为家庭更加合理的优化配置资产提供有力的参考，使家庭内部有限的经济资源获得更大的效用与幸福水平。因此，关于家庭资产配置对居民幸福感的作用有待进一步推进和拓展。而本文正是从这一视角出发对这一问题进行研究探索，主要研究家庭资产配置对幸福感的影响，着重从家庭的资产与负债结构等微观经济因素探讨其对幸福感的影响，同时考虑以往研究中已考虑到的其他因素的影响，以期对家庭金融研究中个人资产配置对居民幸福感影响的研究提供参考及补充。

本章小结

在此章中，本文从家庭资产配置的影响因素、经济政策不确定性的相关研究、家庭资产配置与幸福感等三个方面对国内外研究文献进行了梳理和述评。第一部分对家庭资产配置的影响因素从个体特征、经济因素、外部环境三个层次进行讨论，不仅归纳总结了影响家庭资产配置的各种因素，为本文研究经济政策不确定性对家庭资产配置影响控制变量的选取提供了参考，同时引出了经济政策不确定性对家庭资产配置影响的研究意义及价值所在，为进一步解释经济政策对家庭资产配置影响的原因及效果提供了思路。第二部分对经济政策不确定性的相关研究进行了详细的介绍。关于经济政策不确定性的研究是近几年学术研究的焦点和热点，学界涌现出了大量优秀的论文论著和成果。从研究的范围来看，经济政策不确定性的研究主要是从宏观经济指标及微观个体（企业和金融机构）两方面进行展开，在微观层面研究其对家庭影响的文献十分少见，这就显示了本文研究的必要性。经济政策不确定的宏观效应和微观作用的研究方法也为本文的进一步研究开拓了思路。第三部分对家庭资产配置与幸福的关系进行了梳理，主要从幸福的影响因素（个体自然特征与经济因素）、家庭资产配置对幸福的影响两方面进行展开。

从幸福感的影响因素来看，宏观因素中经济政策对幸福的研究大多关注于个别具体的因素，家庭资产配置对幸福的影响也是近几年研究才逐渐出现的话题；经济政策不确定性作为不确定因素中的一项具有代表性的综合衡量指标，探讨在其背景下家庭资产对幸福的影响就显得更有价值和意义。因此，本文将经济政策不确定性、家庭资产配置、居民幸福感作为一个统一的体系进行研究，并结合家庭金融及幸福经济学已有的研究成果，综合考虑家庭资产配置对居民幸福感的影响，以及经济政策不确定性对二者的作用，以期对经济政策不确定性对家庭的影响及家庭金融的相关研究提供新的结论。

第二章　理论基础

第一节　经济政策不确定性与家庭资产配置

为从理论上分析经济政策不确定性对家庭资产配置的影响，有必要对其相关的理论进行归纳总结，从而为分析经济政策不确定性对家庭资产配置的影响构建理论基础。具体来说，主要包括不确定条件下的家庭储蓄消费理论与家庭资产配置理论。[①]其中不确定条件下的家庭储蓄消费理论主要又有预防性储蓄理论、合理预期理论、流动性约束理论等。

一、基于预防性储蓄理论的分析

（一）预防性储蓄理论的观点及内涵

预防性储蓄是指家庭中的风险厌恶者为避免未来的不确定性因素给自身消费水平带来负面作用而进行的储蓄。Leland（1968）在生命周期与持久收入假说家庭效用最大化的基础上，通过建立一个两期模型，对预防性储蓄进行了解释：基于对效用函数二次型假设条件的放松，他在消费函数中加入了不确定因素的考察，指出若效用函数三阶导数为正，则相对于确定条件来说，不确定条件下家庭会增加储蓄且减少当前消费，即采取更加谨慎的消费策略。Sandmo（1970）同样运用两期模型进行研究，得出随着未来收入不确定性的增加，家庭将增加储蓄并减少消费的结论。Miler（1974，1976）及 Sibley（1975）在此基础上将预防性储蓄理论的研究扩展至多期，认为凸边际效用函数是预防性储蓄的必要条件。

预防性储蓄理论在生命周期与持久收入假说的基础上增加了对不确定性因素的考虑，更加深入地考察了家庭进行跨期消费的决策。该理论假设家庭的具有递减的风险厌恶系数，当外界不确定性增多时，家庭的消费储蓄行为不再仅仅考虑在整个生命周期中平滑消费实现最大化效用水平，更多的考虑根据外界的不确定性因素安排自身的资产配置行为，以防范和减少其对自身

---

① 不确定确定条件下的家庭储蓄消费理论和家庭资产配置理论可以为不确定条件下的家庭资产配置理论与实证研究提供理论支持和研究思路。

生活可能带来的不利影响和冲击；与此同时，未来风险的增大也会吸引家庭更多地采取预防性储蓄措施。不确定条件下，家庭的边际效用是凸函数，家庭对于未来消费预期的边际效用大于确定条件下消费的边际效用，未来的风险水平越高，家庭对于未来消费预期的边际效用随之越大，就越能促使家庭减少当期消费，增加预防性储蓄用于未来消费。反之，当不确定性减少时，家庭会增加当期消费，减少预防性储蓄行为。总之，家庭储蓄行为与不确定性存在着一定的正向相关，不确定性的增加会降低家庭当期的消费水平，家庭出于预防性储蓄动机会增加自身储蓄。

（二）预防性储蓄理论在本文中的解释

家庭作为社会的成员，同时具有社会及经济属性，广泛参与社会经济活动，家庭的经济活动不可避免地受经济政策的影响。根据预防性储蓄理论，经济政策不确定性条件下，由于内外环境不断变化，家庭的资产及工作收入面临着较大的不确定性，家庭很难按照生命周期平滑自身的消费，经济政策不确定性可能造成家庭资产的贬值或收入的波动，进而降低家庭的消费水平。这时，家庭往往会采取谨慎的预防性措施。加之中国家庭本身就具有未雨绸缪的特性，中国家庭高储蓄率的特点也被学界视为共识（甘犁等，2018），在面对经济政策不确定性时，这种预防性储蓄动机也在一定程度上得到了加强。

从消费层面来说，经济政策不确定性条件下，家庭为避免因未来的资产损失降低自身的消费水平，也会节制当前消费。家庭当前消费的减少也会带来自身闲置资金的增多，为应对经济政策不确定性可能对自身带来的负面影响，家庭也会更多的选择将其进行储蓄。经济政策不确定性作为不确定条件的一种，在其影响下家庭的边际效用函数也可同样视为是凸函数，家庭对于未来消费预期的边际效用增大，从而减少当前消费，增加储蓄以便将来消费。国内学者龙志和和周浩明（2000）、孙凤和王玉华（2001）等也从实证的角度验证了不确定条件下中国家庭预防性储蓄动机的存在。储蓄作为家庭相对安全的资产，尽管也有可能会因经济政策的变动产生一定的损失，但相对于股票、债券、期货等风险程度较高资产产生更大的亏损来说这种损失微乎其微，因此家庭更倾向于增加储蓄。短期内，家庭的资产规模可视为是稳定的，储蓄与风险资产之间存在着此消彼长的替代关系，因此经济政策不确定性条件下储蓄水平的升高也将在一定程度上减少家庭风险资产的份额。

二、基于合理预期理论的分析

（一）合理预期理论的观点及内涵

预期是人们对于未来某种事物可能出现的结果及由此结果引发的其他结果的主观推断，而合理预期指的是通过对有效信息的分析和利用，做出对经济变量长期来看最为准确、与经济模型和理论相符的预期。合理预期理论最早是由美国经济学家 Muth（1961）年提出，并经过 Lucas（1972）、Sargent & Wallace（1976）等人的发展。预期在经济行为中处于核心地位，行为人的每一项经济决策都受预期因素不同程度的影响，是对当前经济变量所做的未来的预测。预期是贯穿宏微观研究的重要纽带（张成思，2017）。由于跨期消费与投资决策本身就存在着一定的不确定性，当外界不确定性增大时，家庭预期自身未来可能遇到的风险增多，或者预期自己未来收入存在着较大的风险，家庭出于自我保护的意识产生较强的预防性储蓄动机，其目的是为了寻求自我保护，体现出本能性的风险厌恶行为。

（二）合理预期理论在本文中的解释

预期的产生是一项心理活动，在家庭成员的感情基调中发挥决定性的作用，经济政策对预期具有重要的影响（赵继光，1982）。根据合理预期理论，经济政策不确定条件下，家庭之所以产生预防性动机，是因为受到家庭对未来预期的影响；由于经济政策不确定性影响到了家庭对于未来的预期，因此会对家庭资产配置产生影响。家庭在进行经济决策时，因为具有一定的知识和经验，并经过一定的判断和思考，形成符合实际的相对合理的预期。家庭可以根据政府经济政策的变化做出判断，并对未来可能发生的变化提前做好预防性措施（展舒，1982；薛进军，1987）。经济政策不确定条件下，家庭除了预期自身收入存在风险的同时，也会产生未来消费可能增加的预期，这时便会增加当前储蓄，节制目前消费，以应对未来的不确定性或消费增长。如果家庭体现为适应性预期、而当期收入又下降很多时，家庭对自己未来收入具有更大程度的下降预期；或者当期消费增加，家庭对自己未来消费具有更大程度的增长预期，这时家庭的预防性储蓄动机会更强，当期消费会更少。反之，家庭会减少当期储蓄，增加现期消费。

三、基于流动性约束理论的分析

（一）流动性约束理论的观点及内涵

流动性约束概念最早是由西方经济学家 Tobin（1971）提出。他认为在研究家庭储蓄及消费行为时将流动性约束因素考虑在内很有必要。Zeldes（1989）认为当家庭财产处于较低水平即少于两个月的收入时，家庭便面临流动性约束；并通过对美国家庭按流动性约束水平进行分类，发现流动性水平较低的家庭消费受当期收入影响较大，证明了流动性约束在现实中的存在。流动性约束理论指的是当消费信贷发展不完善时，家庭无法从金融机构及其他民间组织取得贷款用于消费而不付出成本，或者解释为取得贷款用于消费受到一定的限制。流动性约束对消费的影响可分为两个方面：一是当期的流动性约束。如果家庭的收入处于较低水平不能满足家庭的消费需求，而家庭又面临着信贷约束时，家庭消费水平下降，当期储蓄增多，以便于未来提高消费或寄希望于未来收入获得增长。其二为远期流动性约束。如果家庭预期未来的收入水平降低时，家庭同样会增加储蓄，减少当期消费，以降低远期流动性约束对未来消费可能产生的负面影响。与收入上升相比，家庭的消费行为受预期收入降低的影响更大。此外，流动性约束无论是当期还是随后，无论是真实发生还是预期发生，都会导致家庭消费偏离最佳消费决策。当个人流动性受流动性约束或其他不确定因素制约时，家庭会增加储蓄倾向，同时降低个人消费。总之，受流动性约束因素的影响，家庭的消费行为不再平滑，同时信贷市场的发展水平及信息不对称等因素也都会增加减少家庭消费，提升家庭储蓄水平。

（二）流动性约束理论在本文中的解释

流动性约束在现实生活中广泛存在。经济政策不确定条件下，受市场信息不完全的影响，家庭无法准确的判断将来的收入状况，因此不能确切的安排当期的消费水平从而达到最大化效用水平。根据流动性约束理论，家庭的借款利率通常大于储蓄利率，大多数人无法按任意利率借入大量资金。当家庭预期将来某一时间段会具有流动性约束时，通常会增加储蓄减少即期消费，因此储蓄也具备预防流动性约束的功能。对流动性约束的预期和经济政策不确定性的存在都会使家庭增加储蓄，减少当期消费（汪浩瀚和唐绍祥，2009）。

经济政策不确定性对消费的作用，除形成预防性储蓄外，还会增加消费者的流动性约束。当经济政策不确定性增加时，金融机构产生惜贷行为（Bordo et al., 2016；He & Niu, 2018；Hu & Gong, 2019），家庭以预期收入为基础的消费信贷受到制约。当流动性约束具有效果时，家庭为实现即期消费，只能按大于市场借贷利率的途径进行借款，或者以小于市场价值的价格对流动性较低的资产进行变卖。这时，家庭不能使用普通借贷完成最优消费，家庭消费减少，储蓄增多（臧旭恒和裴春霞，2002）。除此之外，中国家庭往往面临着潜在的流动性约束。中国家庭除日常开销之外，还会遇到购置房屋、生病住院、子女上学等阶段性或一次性大额开支。这些开支对于普通家庭来说或许相当于多年的收入，因此需要日常足够的储蓄。为避免这种潜在的流动性约束，家庭通常会在大额支出前增加储蓄（杭斌和申春兰，2005）。经济政策不确定条件下，家庭面临的这种潜在的流动性约束就更加难以预测，因此需要家庭进行更多的储蓄，以应对将来可能出现的大额开支。

四、基于家庭资产配置理论的分析

（一）家庭资产配置理论的观点及内涵

现代资产组合与配置理论是以 Markoitz（1952）提出的均值－方差理论为起点，该理论也成为现代金融学及投资组合理论的基础。均值－方差理论以投资者是理性的为基本假设，将随机变量的均值定义为投资收益，将随机变量的方差定义为风险，并假设证券市场为有效的，投资者均为风险厌恶者，在同样的风险条件下投资者选择的资产组合为预期收益最大，或者在同样的预期收益水平下选择的资产组合为风险水平最低。在 Markoitz 研究的基础上，学者们进一步将研究领域扩展到消费－投资组合。Tobin（1958）提出了两基金分离定理，并将无风险资产考虑在内。该理论认为，市场上分为风险资产和无风险资产，市场中存在着最佳的风险资产组合，理性的投资者持有的资产组合都应具有相同的风险。在此之后，Sharpe（1963）在均值－方差理论和两基金分离定理的基础上进行拓展，建立了以一般均衡框架为基础的资产定价模型，即学界所熟知的资本资产定价模型（Capital Asset Pricing Model，简称为 CAPM）。资本资产定价模型是现代用于研究金融市场价格的支柱性理论，主要用于证券市场风险资产和预期收益率关系的研究，认为资产收益率与资产风险之间存在着一定的正相关。CAPM 把风险分为系统性风险与非系统性风险，认为在资本市场投资多样化只能解决非系统性风险，但不能化解系统性风险。CAPM 得出的一个简单且重要的结论：在证券市场中投资者想要获得较高的收益及回报，往往伴随着较高的风险。这一模型也成为现代金融理论的核心。

Samuelson（1969）、Merton（1969）将单期的家庭资产配置理论研究扩展到多期，同样将家庭资产分为无风险资产与风险资产[①]，研究了跨期条件下家庭资产配置及消费的最优选择问题。根据他们的研究结论，家庭应当将自身财富以一定的比例用于风险资产的投资，并且全部家庭风险投资的策略和投资组合比例是相同的；家庭无风险资产与风险资产的比例受家庭成员风险偏好的影响，而与家庭成员年龄、投资年限、财富水平等因素无关。事实上，家庭的资产配置行为除了上述因素有关之外，还与其他多种家庭特征息息相关。特别是现实当中不断出现的家庭资产选择现象与传统家庭资产配置理论存在出入，这些都与家庭成员的心理活动及个体特征紧密关联。Kahneman&Tversky（1979）基于心理学大量的实证研究，提出了家庭资产配置的又一重要理论——期望理论，用于解释家庭资产配置过程中的风险决策问题。期望理论认为投资者在账面遭受损失时对风险更加厌恶，而当投资者在账面收益增加时其满足程度不断降低，即投资者经历损失时效用函数表现为凸，收益增加时投资者效用函数表现为凹。经过不同实验的比较结果表明，市场中的大部分投资者是行为投资者而并不是标准的投资者，他们对于风险投资并非是完全理性的，也并不是完全的风险回避者。市场中的投资者存在着一致性行动，在市场当中并不能观察到理论当中抽象的随机游走现象。

（二）家庭资产配置理论在本文中的解释

由于投资的需要及金融业的发展，家庭除了将收入用于储蓄和消费之外，也会决定购买一定种类及数量的证券并使用一部分资金用于购买某种证券组

---

① 无风险资产与风险资产是研究家庭资产配置行为的重要话题，因此本文第四章实证对其进行了单独讨论。

合，家庭所要做出的决策就是在不同的资产组合中选择其中最佳的资产组合。通过上文流动性约束理论的分析得出，经济政策不确定条件下，家庭可能会面临着资金约束。此时，家庭会根据各自的风险偏好水平对投资风险进行分散，建立最佳投资组合。理性投资者在进行资产选择的过程中主要根据金融产品的风险、收益及各种资产组合的协方差，并且有效的资产组合能够降低投资风险（Markoitz，1952）。家庭在进行资产配置时，用于风险资产和无风险资产组合的方式可使得投资者的效用水平达到最大化水平。不同的家庭根据各自的风险偏好水平对于风险资产和无风险资产持有的数额或比例不同，风险偏好者通常会选择较高比例的风险资产，而风险厌恶者则通常持有较高比例的无风险资产（Tobin，1958）。

从某种程度上来说，经济政策不确定性意味着市场上的风险增加。Brogaard & Detzel（2015）通过经济政策不确定性对美国金融市场超额回报率影响的研究，发现经济政策不确定性是股票市场上重要的风险因素。大量的实证研究表明，经济政策对股票等金融市场的影响大多为负向的。Pastor & Veronesi（2012）、Ko &Lee（2015）在研究中发现，当经济政策不确定增加时，股票的平均价格有下降的趋势；而当经济政策不确定性很大时，这种价格下跌的趋势会更大。国内学者金雪军等（2014）从中国宏观经济数据出发，研究发现经济政策不确定性降低了股票价格。除此之外，经济政策不确定性导致股票市场波动明显增加。经济政策不确定性降低了股票回报，且在极端波动期这种影响更为持久强烈。（Liu & Zhang，2015；Arouri et al. 2016）。由于中国大部分参与股票市场投资的家庭并非标准的投资者，在账面遭受损失时对风险更加厌恶，而且存在着较为明显的"羊群效应"。家庭在参与股票投资时互相产生影响，倾向于具有相同的行为及思考方式，即普遍具有从众心理，在股票市场中投资者存在相互模仿与学习的行为，甚至会盲目跟随他人的投资策略。因此在经济政策不确定条件下，面对股票等风险资产大概率下跌的情形，大部分家庭会选择减少持有风险资产，降低风险资产在家庭总资产中的比重。

根据以上理论分析，本文认为，经济政策不确定性与家庭储蓄行为存在着一定的正向相关，经济政策不确定性的增加会降低家庭当期的消费水平，家庭出于预防性储蓄动机会增加自身储蓄。在经济政策不确定性条件下，家庭为规避风险，往往会采取保守的资产配置策略，增加对无风险资产或风险程度较小资产的持有比重，降低风险资产或高风险资产的持有比重，以应对内外各种不确定因素对家庭资产可能带来的负面冲击。

第二节　家庭资产配置与幸福感

家庭的资产配置资金来源于其各项可自由支配于消费和投资的家庭总收入，包括工资性收入、经营净收入、财产性收入和转移性收入。这些收入既为家庭用于各项消费支出提供了保障，也为居民用于家庭资产配置提供了资金支持。家庭的资产与负债结构主要包括金融资产、经营性资产、实物资产、不动产以及房屋负债、汽车负债、其他生活负债等方面。家庭不同类型的资产、负债结构与数量不仅会影响到家庭资产的市值及还债压力，这些因素的变化也会对居民的经济状况、消费水平、主观心理等造成影响，从而对个人幸福感产生作用。从现有的理论及文献研究来看，家庭资产配置对幸福感影响涉及的理论主要包括财富效应理论、前景理论、攀比效应和示范效应理论等。

一、基于财富效应理论的分析

（一）财富效应的观点及内涵

财富效应是现代经济社会发展出现的新的名词，指的是家庭某项财富积累到一定规模时产生的对其他因素的控制或传导效应。在经济金融学领域，财富效应是指由于各项资产价格的上升或下降引起资产持有人财富规模的扩大与缩小，从而影响消费增加或减少，对边际消费倾向产生作用，推动或减弱经济增长。Keynes（1936）在其著作《就业、利息和货币通论》不但对绝对收入假说进行了论述，也较早的对财富效应进行了初步的研究，他把家庭的财富限定在家庭所持有的债券和货币当中，认为财富水平的降低会引发家庭边际消费倾向的降低。自此之后，学界对于财富与消费之间关系的研究一直持续至今。Modigliani&Brumberg（1954）在生命周期理论的框架下研究了家庭资产配置对于消费的影响。根据他们的研究，家庭通过在生命周期的不同阶段的投资、储蓄、借贷等行为对自己整个生命阶段的消费需求进行平滑，以达到家庭资产的合理分配从而维持相对平稳的消费水平。由此不难发现，家庭资产配置不仅是合理分配家庭内部经济资源的重要手段，也是通过现代金融产品及投资多样化渠道促进消费、扩大内需的重要途径。虽然 Modigliani&Brumberg（1954）提出的理论基于"理性人"的假设，忽视了现实当中家庭资产配置非理性的成分，但这并不影响其作为分析家庭资产配置财富效应基础理论的地位。Gourinchas & Parker（2002）进一步将家庭资产配置财富效应模型扩展到负债与金融资产范围，即家庭的消费行为与资产配置策略在整个生命周期内有效融合，实现跨期家庭资产的优化配置，同时满足家庭不同时期对于消费的不同要求。Gourinchas & Parker（2002）所构造的模型的主要结论为，家庭资产中用于满足当前消费需要的资产为实物资产，用于满足未来消费需要的主要为金融资产，家庭财富规模的扩大可以为家庭消费水平的提高提供较大的动力。

自 Easterlin（1974）提出"幸福悖论"以来，学界大量的研究集中于收入与幸福的关系中，随着研究的深入和扩展，逐步有学者将影响幸福的因素聚焦在消费上来。家庭的生活水平及幸福感的消费水平不仅是收入的问题，最终取决于家庭购买的产品及服务的数量和质量。现代经济学理论通常用消费来度量个人效用水平的大小，消费与收入衡量个人的效用水平基本相同（Headey et al.，2008），效用反映了消费者对于商品或服务的满意程度。消费为经济增长提供内在的动力，能够促进家庭为提升自身生活质量水平而更加努力的工作，推动技术创新与贸易增长，提高社会总需求，降低社会失业率，从而推动经济增长。消费水平的提高通常意味着家庭获得更多的产品与服务数量，得到更好的产品与服务体验，满足了自身更高的效用水平，从而能够提高个人的幸福感。当家庭的消费水平提高时，家庭的幸福感或称为满足感也会随之增强（王艳萍，2017）。家庭生活的最终目标是追求更多的产品及服务，以不断满足自身的幸福水平（Dutt，2006）。由于家庭的资产配置行为会对消费产生影响，因此最终会通过消费影响到居民的主观幸福感水平。

（二）财富效应理论在本文中的解释

在家庭的资产配置过程中，财富效应无处不在。财富效应表现为资产价格的升值刺激了居民的消费，从而促进国民经济发展（Davis & Palumbo 2001），财富效应通常以消费弹性或边际消费倾向的形式产生作用。由于股票是金融资产的代表性产品，而房产兼有投资品与消费品的双重属性，同时也是非金融资产的典型代表，因此早期关于财富效应的研究主要集中在这两种资产形式当中。鉴于上文消费对于居民幸福感提升作用的分析，因此本文所要讨论的家庭资产配置财富效应的理论主要表现为家庭资产配置对消费的影响。财富效应对于消费的促进作用主要体现在当家庭财富规模扩大后，家庭的预算约束水平降低，消费动机进一步扩大，从而推动消费增长。Maki & Palumbo（2001）、Bertaut（2002）通过研究均发现，股票价格的上涨推动了家庭消费的增长。国内学者陈强和叶阿忠（2009）利用中国家庭的调查数据也得出股票收益波动对于家庭的边际消费倾向具有显著影响的结论。对于房屋来说，受住房改革政策的影响家庭财富水平得到提高，家庭对于改善生活条件的要求进一步提高，从而增加了耐用消费品的消费水平，并首先消费最必需的生活耐用消费品（尹志超和甘犁，2010）。假如房价可以一直持续上涨，家庭资产的升值便会对消费产生促进作用，表现为"财富效应"；如果房价不能持续增长，家庭为偿还债务和购置房屋便会减少消费，表现出"房奴效应"（颜色和朱国钟，2013）。对于低收入群体及新兴国家来说，由于家庭的边际消费倾向更强，要求改善自身生活条件的希望更为迫切，因此股票价格和房屋的升值在这些家庭往往表现出更加强烈的财富效应（Peltonen et al.，2012；张大永和曹红，2012）。对于生产性固定资产来说，其主要是通过不断的为家庭创造更多的收入来源，从而进一步降低流动性约束及减少家庭预防储蓄，表现出"财富效应"（李涛和陈斌开，2014）。

消费对居民幸福感的影响来说，由于效用最大化的结论已深入人心，因此大多数学者认为消费能够显著提升个人的主观幸福感（Noll & Weick，2015；Wang et al.，2015）。根据生命周期假说，家庭通过改变其资产与负债结构平滑一生的消费，家庭的消费水平受财富规模的约束，家庭资产及负债的变化通常会引起自身财富水平的变化。基于财富效应（Campbell & Cocco，2007）理论，家庭财富水平的改变通常能对居民的消费水平造成影响，而家庭的主观幸福感与效用水平存在着单调递增关系，因此家庭的主观幸福感随消费水平的变化而变化。但是，这种观点也招致来自道德学家特别是传统文化的质疑。他们提出，家庭对于消费过度盲目的追求会使人们减少其他能给人真正带来更高层次幸福水平的美好事物追求，例如家庭持续上升的消费需求会对自然环境等对居民幸福产生较大影响的因素产生负面作用（Assadourian，2010）。依照马斯洛需求层次理论，人类需求共分为五个层次，最低为生理需求，最高为自我实现，中间三种需求分别为安全需求、归属感与爱、尊重。

当前几种需求获得满足后，人们才会追求更高层次的需求，即发挥人的个人潜能及实现人生目标。①对于不同的国家及地区的居民来说，由于经济发展水平及文化差异的存在，不同种类的消费对其幸福的影响不尽相同，但消费对于幸福的总体影响主要体现为促进作用。对于欧美发达国家来说，生活必需品对于幸福的影响较为有限，服装、文化、休闲类消费对居民幸福感的影响更为明显（Deleire&Kalil，2010；Noll & Weick，2015）。对于我国来说，由于我国存在着城乡二元结构与经济发展的不均衡，因此消费对于不同经济状况群体之间幸福感的影响可能存在差异。对于经济水平较低的家庭而言，通常消费约束水平较高，因此消费水平的增长对这部分家庭的幸福感水平具有显著的提升作用；而对于经济状况较好的家庭来说，非经济因素对其幸福感的影响效果可能更大（李清彬和李博，2013）。一些学者通过研究发现，消费的绝对值和相对值都会显著提高中国居民的主观幸福感，对于受教育程度较低、收入较低、经济社会地位较低的人群，消费所带来的幸福感程度更高。目前中国家庭休闲文化娱乐、通讯交通、人情往来、耐用消费品、服装等消费更能提高幸福感（Wang et al.，2015；胡荣华和孙计领，2015；孙计领和胡荣华，2017）。家庭的消费水平短期内受收入的影响，长期受家庭资产规模的约束。除收入与家庭资产外，短期内，一定程度的负债增加了家庭当期的可支配财产，会对家庭的消费产生促进作用，但长期对消费的影响是不确定的。因为长期来看，通过借贷行为将收入分配给了储蓄倾向更高的富人阶层，因此可能降低社会总的消费水平（Dutt，2006）。根据生命周期假说，家庭通过改变其资产与负债结构平滑一生的消费，这种改变通过增加或减少消费水平进而影响个人的效用水平，最终对居民的主观幸福感产生作用。因此，无论是家庭收入、家庭资产还是家庭负债，都会通过影响家庭的消费行为进而对居民幸福感产生影响。

二、基于前景理论的分析

（一）前景理论的观点及内涵

传统的经济学理论基于"理性人"的假设。事实上，家庭在进行资产配

---

① 鉴于目前经济发展的阶段及消费文化的发展，本文认为，目前家庭消费对幸福的影响以正面的促进作用为主。

置时并非是完全理性的，具有一定的非理性成分。前景理论（prospect theory）最早由 Kahneman & Tversky（1979）提出，将心理学的研究内容应用于经济学理论研究中，也被称为展望理论。该理论提出，人们由于具有不同的参考点，通常会表现出不同的风险态度。前景理论被学者们用来对收益和风险的关系进行实证研究。其基本内容为：在面对收益时大多数人是风险厌恶者，而面对亏损时大多数人是风险偏好者，人们对于收益及亏损的判断通常取决于其选择的参考点。由此理论进行分析，家庭在进行资产配置时往往会面临着收益与亏损的可能性。在前景理论诞生之前，学界主要采用期望效用理论函数解释人们的风险决策行为。该理论的假定条件为人们都是理性的，人们因为具有不同的效用函数，对可能发生事物的主观概率有所不同，因此出现不同的决策行为。为保证理性判断，人们必须具有相同的效用函数，主观概率必须符合贝叶斯定理等概率论基本原理。而前景理论通过大量的观测实验，提出人的决策行为取决于预期与结果的差距，而并不是结果本身。人在决策时通过在意识中预设参考点，随后衡量每个结果与参考点的差距。对于大于参考点的收益，人们通常体现出风险厌恶，更倾向于确定的较小收益；对于小于参考点的损失，人们则体现出风险偏好，更寄托于好运来防止损失。对于概率的反应来说，人通常体现出一些非线性特征，对小概率事件来说，人们会表现出过度敏感，对大概率事件则会估计不足，这种现象导致阿莱悖论，但体现了人们真实的心理活动。例如：虽然彩票的中奖率很小，却总有人一直购买。而期望效用则体现为线性的概率。从前景理论的分析来看，期望效用理论基于理性人的假设，为传统经济学的研究范畴，指导人们怎样规范的去做；而前景理论则是基于实证的研究，在行为经济学的研究框架之下，描述的是人们实际的经济决策。

（二）前景理论在本文中的解释

根据前景理论，在面对收益时家庭效用通常表现为正，而面对亏损时家庭效用则往往表现为负，而在幸福经济学中，幸福被广泛用来衡量居民的效用水平，随着效用水平的上升而提高。由此理论进行分析，家庭在进行资产配置时也会面临着收益与亏损的可能性，家庭的资产与负债在一定程度上反映自身的收益与亏损情况，进而影响到居民的效用水平，因此会对居民的幸福感产生影响。家庭的资产与负债种类主要包括金融资产、生产经营资产、实物资产、不动产等资产和房屋负债、汽车负债、其他生活负债等负债。家庭不同类型的资产、负债规模及比重不仅会影响到家庭的资产市值、经济状况及还债压力，这些因素的变化也会对居民的主观心理产生影响，同时家庭进行资产配置获得收益的同时会遇到不同程度潜在的风险。这种风险不仅会影响居民的经济状况与资产结构，也会对居民主观情绪及心理产生影响，从而对个人幸福感产生作用。同时，不同的家庭资产与负债因其各自的特征产生的收益与亏损大小有所不同，体现为同样规模的资产和负债由于收益与亏损的不同，从而展示出不同的效用曲线。效用曲线的弯曲程度存在差异，因此幸福感程度各不相同。

根据家庭财富的积累规律，家庭的收入来源主要分为工资收入、生产经营收入以及资产收入（或收益）。相对来说，家庭的工资收入与生产经营收入相对比较稳定，可视为固定性收入。家庭资产收入或收益因结构较为复杂，因此可能会因市场行情的影响产生较大的波动。从学界的研究来看，收入毫无疑问对居民的幸福感具有重要的影响，收入在一定程度上促进了居民幸福感水平的提高（Easterlin，2010；邢占军，2011；刘宏等，2013；Asadullah et al.，2018）。根据前景理论，家庭资产因各自风险及收益的不同，可能会通过效用及收入的渠道对居民幸福感水平产生不同的影响。当家庭持有一定比例的股票等高风险类资产时，尽管高风险类资产可能会对家庭带来高于自身参考点的收益，但此时家庭往往表现出风险厌恶，担心会为自身带来亏损，效用水平降低，因此风险资产在家庭总资产中规模的增大可能会降低居民的幸福感水平。对于风险程度较低的资产，因其能对家庭带来稳定的收益，通常不会造成家庭财产的损失，因此在家庭总资产中份额的增大可能会对居民的效用水平具有一定的提升作用，从而提高了居民的主观幸福感。从收入的层面来看，家庭的资产配置既有高收入类资产，又有低收入类资产。相对来说，受益于房地产及金融行业的发展，家庭房屋资产与金融资产属于高收益类资产，往往较小的投入甚至负债能够为家庭带来高额的回报。因此尽管负债总体上对于居民的幸福感具有一定的抑制作用（Tay et al.，2017），但房屋与金融投资负债可能因其丰厚的回报对居民的幸福感产生较大的促进作用。

三、基于攀比效应、示范效应的分析

（一）攀比效应、示范效应的观点及内涵

田国强与杨立岩（2006）通过使用攀比理论，建立了一个规范的经济学模型用于研究"幸福悖论"。根据他们的解释，假定家庭的效用水平与自身的物质和非物质生活水平呈正向相关，与周围人的消费水平呈负向相关。在此理论背景下，模型提出的假设条件与传统经济学理论的经典假设存在一定的出入，即个人的效用水平仅仅与自身的消费有关。随着社会发展阶段及水平不同，攀比水平的标准也会随之改变。当经济社会获得进步时，攀比水平随之升高，家庭原有的生活条件已无法满足原有的效用水平，家庭通过改变自身的资产配置行为从而使总效用水平保持稳定，反之亦然（Easterlin，1995，2010）。这种现象被称为"攀比效应"。Clark et al.（2008）同样将攀比效应引入传统效应模型解释了"幸福悖论"，指出"幸福悖论"中家庭的幸福水平并非随着人均国民生产总值的提高而一直上升，与微观研究中个人幸福感与收入水平正相关的发现以及效用函数中相对收入项的存在是一致的。攀比效应既有个人与他人或社会的比较，也可以由与自身过去各项经济指标的对比，最终个人的效用水平与社会的平均收入水平呈递减函数，从而推导出攀比效应导致居民幸福感水平下降。而"示范效应"是指当家庭收入保持不变而周围人收入上升时，家庭对于自己未来的收入具有上升的预期，从而提升个人幸福感水平，即个人的幸福感随着周围人收入水平的提高而增加（Senik，2004；何强，2011；李江一等，2015）[1]。李江一等（2015）同时讨论了攀比效应和示范效应对幸福感的影响，得出的结论为，相对收入对居民幸福感的攀比效应影响为负，即家庭的幸福感水平随着周围人收入水平的提高而下降，而相对资产对居民幸福感示范效应为正，即家庭的幸福感水平随着周围人资产数额的提高而上升。与此同时，当其他家庭的财富增长速度大于家庭自身的财富增长速度时，攀比效应会减少家庭的幸福感水平，而示范效应会增加家庭的幸福感水平。

---

[1] 虽然目前关于攀比效应和示范效应对幸福感的作用效果孰轻孰重尚无定论，但大量的研究显示二者对幸福感皆有不同程度的影响。

（二）攀比效应、示范效应在本文中的解释

家庭作为社会经济活动的产物，兼有经济与社会两种属性。因家庭生活的社会属性，居民在日常生活中不可避免的会与周围其他人进行比较。当个人收入水平、生活状况、社会地位等高于社会平均水平或周围群体水平时，个人出于攀比的心理因这些因素相对水平的增加会获得幸福感的提升，反之个人幸福感会下降（Luttmer，2005）。家庭与周围人的攀比体现在多方面，居民的幸福感不仅受个人消费水平的限制，还与周围其他人的生活状态等密切相关。当家庭的资产与负债结构发生变化时，财富及负债水平的改变可能会引发居民生活状态的变化；居民不仅会与自身原有的状态进行比较，也会与周围其他人产生一定的横向对比。居民的个人效应即与自身生活状况和他人生活状况的都具有一定的关联，个体效用水平即幸福感上升或下降与"攀比效应"和"示范效应"谁更占主导作用有关（李江一等，2015）。

对于中国家庭来说，大量的研究显示，攀比效应与示范效应确实存在。Knight et al.（2009）对影响中国农村家庭的幸福感的因素进行了研究，发现无论是过去还是未来的预期收入水平都会对家庭的幸福感产生较大影响，即体现出一定的攀比效应和示范效应。Gao & Smyth（2010）利用中国城市的调查数据讨论了群体收入对于工作满意度或幸福的影响，研究结果发现，他人收入水平的升高会降低个人的幸福感水平，即体现为攀比效应；与此同时，他人收入水平的提高在一定程度上也增加了个人对于自身未来收入预期水平的提高，提高了个人的幸福感水平，即体现为"示范效应"。因受家庭不同特征的影响，攀比效应与示范效应也体现出一定的差别，Smyth et al.（2009）对个人收入和群体收入对居民幸福感的影响进行了研究，发现个人收入对幸福感具有促进作用，而群体收入水平对幸福感的影响与性别差异有关。对于男性来说，群体收入水平的提高增加了他们的幸福感水平，表现出更多的示范效应；但对于女性而言，群体收入水平的提高反而降低了他们的幸福感水平，表现出更多的攀比效应。闫新华和杭斌（2010）研究了中国农村家庭的消费结构与习惯形成的关系，结果显示城镇家庭在文化教育娱乐、交通通讯、医疗保健等方面的消费表现出更强的示范效应。由于这三种消费类型更多地体现为"生产性消费"的属性，因此体现了中国农村家庭的消费不是一味地进行攀比，而是更加注重长期性。陈钊等（2012）通过对深圳和上海的调查数

据进行研究，发现社区的收入差距示范作用较为明显，对家庭的幸福感水平具有提升作用。就示范效应的差别来说，教育水平较低的外来家庭示范效应较为明显；而对于教育水平较高的家庭来说，本地居民往往具有更高的示范效应。

从上述理论分析及实证结果来看，家庭的确会通过攀比效应与示范效应进一步影响幸福感水平，不同之处在于其对幸福感的影响效果存在差异，而本文在分析家庭资产配置对幸福感的影响时，也将同时使用这两种理论进行分析。

第三节　经济政策不确定性与幸福感

经济政策不确定性是诸多不确定因素种类的一种，通过对现有文献及理论的总结和梳理，发现鲜有直接研究不确定性对居民幸福感影响的文献。李后建（2014）从不确定防范的角度入手研究了其对居民幸福感影响，并得出相应的结论，认为不确定性防范总体上提高了居民的幸福感水平。从理论层面上来说，不确定性可能主要通过以下两种渠道影响家庭的幸福感水平：一是不确定性通过家庭资产配置路径进一步影响居民的幸福感，二是可能改变家庭对于未来的预期水平，从而对自身的主观幸福感产生作用。因本文主要讨论经济政策不确定性对居民幸福感的影响，因此重点从这两方面对经济政策不确定性与幸福感的关系进行研究。

一、基于资产配置渠道的分析

目前关于经济政策不确定性通过家庭资产配置影响幸福的理论及文献相对较少，已有相近的研究分别从消费和储蓄两方面讨论不确定性影响幸福的机制（李后建，2014）。从消费层面来说，当外界存在不确定性因素时，家庭的许多决定都基于情感预测，通常不知道改善负向情感体验的认知机制系统（心理免疫系统）的运作，即对未来事件的情感反应的预测。他们经常表现出影响偏见，高估了他们对这些事件的情绪反应的强度和持续时间。影响偏见的一个原因是焦点主义，即低估其他事件对我们的思想和感情的影响程度的倾向。另一个原因是人们没能预料到他们能以多快的速度理解及处理发生在他们身上的事情，从而加速情绪的恢复（Gilbert et al., 1998；Wilson &

Gilbert，2005）。当经济政策不确定性存在时，家庭不能及时准确的对之前的消费习惯及消费水平进行调整，从而可能对自身的幸福感水平造成影响（Loewenstein & Rabin，2003）。根据主观幸福感稳态理论，家庭的幸福感水平既与家庭特定的人口统计学及性格特征有关，也受各种不确定性因素及生活中正负向事件的影响和冲击。在正常情况下，家庭因长期形成的稳定生活状态会产生相对稳定的幸福感水平，但当家庭面临内外环境的不确定性或特殊生活事件的冲击时，家庭的幸福感水平便会偏离原有的状态，进一步失去稳定状态（Cummins，2010）。例如，当家庭成员有失业情况存在时，家庭或许不能维持之前的消费习惯和生活水平，从而使家庭的幸福感水平产生下降，且这种负向作用可能是持久而深入的（Clark et al.，2008）。

从储蓄因素来说，根据预防性储蓄理论（Leland，1968），家庭中的风险厌恶者为避免未来的不确定性因素给自身消费水平带来负面作用而进行的储蓄。家庭选择进行储蓄与不确定性相关，其资产积累行为不仅为了实现在整个生命周期内资源跨期的最优配置，以实现整个生命周期内平滑消费以最大化效用现值，更重要的是要增加对不确定性的抵抗能力，防范和减弱不确定性对个人生活的冲击和负面影响。由于家庭储蓄行为与不确定性存在着一定的正向相关，当不确定性增加时，家庭出于预防性储蓄动机会增加自身储蓄，从而减少了家庭当期的消费水平，因此降低了家庭的幸福感。Guven（2012）通过对荷兰家庭的数据研究发现，不确定性条件下储蓄率高的家庭消费水平及消费倾向通常较低，幸福感水平也处于较低水平。这是由于不确定性对这部分家庭产生了消极的收入预期，而且储蓄规模较大的家庭往往倾向于减少债务，可能采取更为紧缩或保守的消费策略，从而降低了消费对于居民幸福感的影响效果。王艳萍（2017）指出，消费水平的提高通常意味着家庭获得更多的产品与服务数量，得到更好的产品与服务体验，满足了自身更高的效用水平，从而能够提高个人的幸福感。当家庭的消费水平提高时，家庭的幸福感或称为满足感也会随之增强。不同种类的消费对幸福感的影响途径及效果有所不同。比如，服装消费不仅仅是简单的炫耀性支出，同时也满足了个人的体验感，因此会提升家庭的幸福感水平；交通通讯及人情支出消费代表着家庭的社交水平和人脉关系网络，这部分支出的增多意味着家庭可能具有更好的人际交流沟通能力，往往会有更好的发展前景，因此也可以提升家庭的幸福感（杭斌，2015；胡荣华和孙计领，2015）。不确定条件下，家庭储蓄规模的增大不仅压制了家庭当前的消费水平，减少了家庭由于消费所带来的心理满足感，而且会使家庭成员心理上产生一定的自卑和挫败感，因而会降低家庭的幸福感水平（Cole et al.，1992）。关于本文所要讨论的经济政策不确定通过家庭资产配置渠道影响幸福感的研究来看，目前的研究主要集中在储蓄和消费两个方面，而本文试图从不同家庭资产种类在总资产中的比重或份额入手，参照已有的研究理论及结论，进一步探究经济政策不确定性影响居民幸福感的资产配置渠道传导效果。

二、基于预期渠道的分析

预期是人们对于未来某种事物可能出现的结果及由此结果引发的其他结果的主观推断。在凯恩斯的理论体系中，预期占据着重要的地位；在现代经济理论中，预期在经济行为中处于核心地位，行为人的每一项经济决策都受预期因素不同程度的影响，是对当前经济变量所做的未来的预测。Keynes（1936）在其著作《就业、利息和货币通论》中最早提出了预期理论，指出不确定性对家庭的经济行为可能产生决定性影响，其中关于不确定性与预期的讨论，是《就业、利息和货币通论》的最为重要的贡献之一，是 Keynes 建立其理论体系的基础性假设。而合理预期指的是通过对有效信息的分析和利用，做出对经济变量长期来看最为准确、与经济模型和理论相符的预期。根据合理预期理论（Muth，1961；Lucas，1972；Sargent & Wallace，1976），不确定条件下，家庭之所以产生预防性动机，是因为受到家庭对未来预期的影响，不确定性影响到了家庭对于未来的预期。

近年来，随着预期理论及幸福经济学的发展，关于预期对居民幸福感影响的理论及实证研究也开始出现，并且预期的种类也体现在多方面的。Frederick et al.（2002）使用折现效用模型讨论了家庭跨期选择的历史发展、基本假设和"异常"——与理论预测不一致的经验规律，总结了为解决这些异常而提出的其他理论公式，但并未考虑预期产生的途径，以及预期对心理和幸福感的影响。Camerer et al.（2004）在其研究中提出，家庭已有的生活经历和未来的预期会对自身的幸福感和心理活动造成一定的影响，但并未进行更为系统的研究。李磊和刘斌（2012）通过对中国综合社会调查（Chinese General Social Survey，简称 CGSS）的调查数据进行研究，并将预期分为资产、收入状况、工作条件、职位升迁等的未来预期，结果发现在控制各种因素后，上述预期变量均能显著提高居民幸福感水平。进一步研究结果表明，预期在不同的群体中对幸福感的影响存在差异；相对来说，男性工作条件及职位升迁的预期对幸福感的提升作用较大，女性资产和收入增加的预期对幸福感的促进作用更为明显，受教育程度较高的群体与受教育程度较低群体相比预期对其幸福感的影响更为显著。根据李磊和刘斌（2012）的分析，预期影响幸福感的作用主要为，人们对于未来的预期能够影响自身的感情及情绪状态，家庭会根据自身的生活现状设想未来的前景，积极向上的预期可以提高家庭的幸福感水平，而消极落后的预期往往会降低家庭的幸福感。家庭对于未来的预期源自社会认同与自我认同的双重评价，积极向上的社会认同与自我认同往往蕴含了比较强烈的幸福感，预期建立在这种情况下能够使得幸福感水平进一步得到保持和加强。赵新宇等（2013）从收入的预期入手，研究了其对家庭主观幸福感的影响。实证结果表明，收入预期可以显著提升家庭的幸福感水平，其中对于中低收入家庭来说预期对其幸福感的影响效果更为明显。卢燕平和杨爽（2016）同样采用 CGSS 的调查数据考察了社会地位流动性预期与居民幸福感之间的关系，研究结果发现，家庭的社会地位流动性预期对居民的幸福感具有显著的提升作用。社会地位预期不仅可以通过作用于家庭成员的感情和情绪状态对幸福感产生影响（李磊和刘斌，2012），而且可能对家庭对社会体制的看法产生作用。家庭对于社会地位的主观感受和推断比家庭客观存在的社会地位对家庭看待社会公平的看法更能产生作用（Kreidl，2000），具有乐观心态的家庭通常幸福感水平更高；向上流动性的预期也促进了家庭对于社会制度的支持，保持了社会局面的稳定（Wu，2009），而社会稳定也增加了家庭的幸福水平。岳经纶和张虎平（2018）基于广东省的调查数据研究了预期、收入不平等感知对幸福的影响，实证结果表明，尽管存在着较强的收入不平等感知，收入不平等感知抑制了家庭的幸福感水平，但对未来美好生活的预期对其具有缓冲作用，对未来美好生活的预期能够显著提升家庭的主观幸福感。预期是一种重要的社会心理状态，家庭会根据自身以往的生活经历及未来期望有意识的或不自觉的产生对社会及个人未来的一种主观评价，这种评价会对家庭成员的心理及行为产生影响（王俊秀，2017），从而对家庭的主观幸福感产生影响。刘成奎和刘彻（2018）也利用 CGSS 的调查数据研究了预期收入与居民幸福感的关系。实证研究发现，预期收入能够显著提升家庭的主观幸福感，对于中低收入家庭来说预期对其幸福感的影响效果最大。家庭对于未来收入的预期影响的自身的幸福感水平，除心理因素之外，家庭会根据周围其他人的收入情况调整自身的收入期望（Tsui，2014），进而影响自身的主观幸福感。Tsui（2014）以中国台湾地区的调查数据为研究对象，也得到了类似的结论。孟素卿和谢天（2019）基于中国城市的调查数据研究了居所流动性预期对幸福的影响，结果发现居所流动性预期对家庭的幸福感具有显著的抑制作用，与居所流动性相比，居所流动性预期对家庭的幸福感水平具有更好的解释作用，主要通过知觉控制感影响家庭的主观幸福感。

从现有的理论、文献及研究结论来看，预期毫无疑问是影响幸福感的重要因素。预期的种类分为多方面的，其对主观幸福感的影响也是不同的，但总的来说，积极向上的预期有助于提高居民幸福感水平，消极落后的预期则会降低家庭的主观幸福感。经济政策不确定性条件下，家庭通过调整自身的预期水平进一步影响到了自身的主观幸福感，或者说经济政策不确定性通过预期改变了家庭的幸福感水平，这一影响渠道及机制也值得我们开展进一步研究。

本章小结

这一章中，主要从三个方面对论著所要讨论的问题在理论层面上进行了总结及论述，包括经济政策不确定性与家庭资产配置、家庭资产配置与幸福感、经济政策不确定性与幸福感。通过对这三方面理论及文献的归纳与梳理，进一步理清了经济政策不确定性、家庭资产配置与幸福感相互影响的理论来源、理论依据与作用机制，为文章进行实证分析打下了坚实的理论基础，做了较好的铺垫工作。其中，第一部分主要包括预防性储蓄理论、合理预期理论、流动性约束理论及家庭资产配置理论的分析。第二部分从家庭资产配置可能影响幸福的多种理论入手，分析了其各自的传导路径，为下文进行实证分析开拓了思路。这些理论分别为家庭资产配置的财富效应理论、前景理论、攀比效应和示范效应等。第三部分与第二部分结构较为类似，主要讨论经济政策不确定性通过资产配置及预期渠道进一步影响主观幸福感水平，其中资产配置渠道现有的理论及文献主要是通过储蓄和消费行为进行影响，而其他特定的资产配置渠道有待进行进一步拓展，这也凸显本文进行实证分析一定的理论意义及价值所在。总之，通过本章的理论分析及论述，明确了本文所要采用的理论依据，同时为下文进一步论述提供了理论支撑，启发了新的思路。

第三章　经济政策不确定性、家庭资产配置及居民幸福感现状分析

第一节　经济政策不确定性描述

经济政策不确定性（Economic Policy Uncertainty，简称 EPU）最早是由美国西北大学的 Baker 教授、斯坦福大学的 Bloom 教授、芝加哥大学的 Davis 教授等人构建的一项综合指标，包含自 1997 年至今全球主要国家的经济政策不确定性指数（EPU）。每个国家的 EPU 指数反映了本国报纸的相对频率，包含了与经济（E）、政策（P）和不确定性（U）相关的术语，经济政策不确定性指数在学术界已成为衡量各国经济政策变化的重要依据。由于经济政策不确定性自 2008 年世界金融危机之后更为凸显，因此本部分主要对 2008 年后的经济政策不确定性进行描述。

中国经济不确定性指数以中国香港的最大的英文报刊《南华早报》（South China Morning Post，简称 SCMP）做文本分析，以月度为单位识别出关于中国经济政策不确定性的文章数量，并与当月《南华早报》刊登的总文章数量相除，得到中国经济政策不确定指数的月度数据，具体介绍详见 www.Policy uncertainty. com 网站。图 3-1 描绘了 2008 年后中国经济政策不确定指数趋势图。通过观察 2008-2018 年数据，可以看到其在 2009 年、2012 年及 2016 年前后有较大幅度波动。自 2008 年世界金融危机全面爆发，中国政府为应对危机推出了四万亿计划延长了经济衰退的时间，2009 年中国经济面临着通货膨胀与出口的双重压力。中国经济从 2010 年开始下降直至 2012 年，2013 年市场上开始出现"钱荒"现象；此外，2012 年欧债危机进一步深化和蔓延，对中国长期以来实行的出口导向型经济政策带来一定的冲击，这也使得中国经济在 2012 年前后经济政策面临较大的不确定性。步入 2015 年，中国经济进入新常态，传统行业出现产能过剩现象，地方政府债务风险加大；A 股市场在经历了一波牛市之后，于下半年急转直下，A 股持续暴跌，引发市场流动性危机。由图 3-1 可以看出，中国经济政策不确定性指数由 2015 年下半年开始出现较大幅度波动。[①]

---

① 从上文分析来看，经济政策不确定性指数往往在重大经济事件前后出现较大幅度的波动。

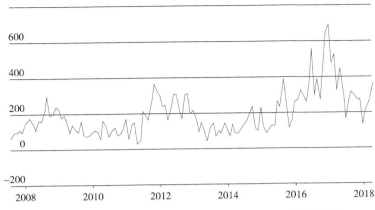

图 3-1 2008-2018 年中国经济政策不确定性指数趋势图

注：数据来源为 www.policyuncertainty.com

第二节 家庭资产配置分析

家庭资产不仅是家庭社会财富、地位及生活水平的重要象征，也在一定程度上代表了一个国家或地区的经济发展质量和民众的富足程度。家庭资产配置的资金来源于各种可支配收入，包括工资性收入、经营性收入、财产性收入和转移性收入。这些收入不仅为家庭日常消费提供了基本保障，也为家庭的各项资产配置提供了资金来源。家庭的资产主要包括金融资产、房屋资产、生产经营资产和耐用消费品资产。通过对现有文献的梳理发现，已有的研究鲜有对我国家庭资产配置进行趋势性、分布性及结构性进行分析，其中主要的原因是受制于宏微观数据的缺乏。家庭资产配置属于家庭的经济行为，必然与家庭的各项经济因素密切相关，已有的研究分别从家庭财富（Guiso et al.，2000；史代敏和宋艳，2005；Campbell，2006；吴卫星和齐天翔，2007；吴卫星等，2015）、房产（Flavin & Yamashita，2002；Cocco，2005；尹志超等，2014；吴卫星等，2014；李涛和陈斌开，2014）、收入（Heaton & Lucas，2000；Vissing- Jorgensen，2002；Dynan et al.，2004；尹志超等，2014）等方面经济因素研究了其对家庭资产配置的影响。Davis & Palumbo（2001）、Paiella（2009）、尹志超和甘犁（2010）、Mian et al.（2013）、颜色和朱国钟（2013）、李涛和陈斌开（2014）等则从家庭资产配置与消费的关系入手研究了家庭资产配置可能产生的经济影响。

虽然本文意在主要对家庭资产配置进行研究，但通过以上分析发现，家庭资产配置与家庭可支配收入与消费水平密切相关，而家庭财富与房产等本身就是家庭资产的研究范畴，在研究家庭资产的过程中已将其考虑在内，因此有必要将收入和消费这两项因素纳入研究范畴。为进一步对我国家庭资产配置进行描述性分析，本文分别从家庭资产、收入和消费等方面对家庭资产、家庭资产的资金来源及最终流向进行描述。在数据的选择过程中，本文也将从目前国内较为权威且具代表性的数据入手，对家庭资产配置及其相关因素进行描述。

一、家庭资产规模的总体特征

由于本文主要采用 CFPS2010–2016 年的微观家庭调查数据进行实证研究，因此本部分也利用此数据库进行分析，计算出样本期间家庭的平均资产规模。从家庭的总资产来看，CFPS 数据库中 2010、2012、2014、2016 年家庭的平均资产规模分别为 28.7 万元、33.9 万元、41.7 万元、49.3 万元，期间一直处于不断增长的过程。图 3–2 显示了 2010–2016 年 CFPS 中国家庭平均资产规模趋势。中国家庭财富规模不断扩大，目前已位居世界第二名；瑞士信贷发布的 2018 年全球财富报告显示，中国家庭的财富总规模为 51.9 万亿美元，同样位列世界第二，仅次于美国。[①]

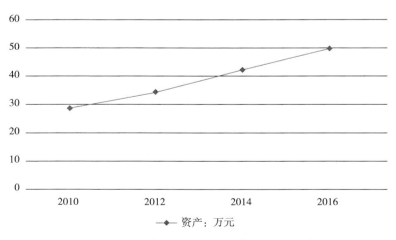

图 3–2　2010–2016 年 CFPS 中国家庭平均资产规模趋势图

---

① 从多项数据调查来看，中国家庭财富规模目前已稳居世界第二。

从地域分布来看，依照 CFPS 数据库对省份的划分，图 3-3 展示了中国家庭各省份资产规模的平均值。由于部分省份样本较少且存在异常值，因此将这部分数据予以剔除，得到全国 30 个省份 / 自治区 / 直辖市家庭的平均资产规模。通过对比可以看出，东、中、西部地区省份的家庭资产规模呈现出依次下降的趋势[①]，而沿海或经济发达地区省份家庭资产平均值往往大于内地或经济欠发达地区省份，可见家庭的平均资产总量与地区经济发展密切相关。

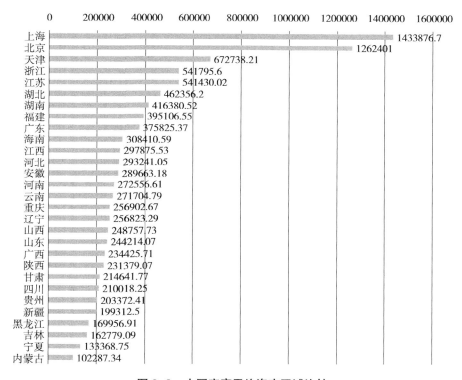

图 3-3　中国家庭平均资产区域比较

2019 年，西南财经大学联合广东发展银行开展了一项全国范围内城市的家庭社会调查，并发布了《2018 中国城市家庭财富健康报告》。根据该报告，2018 年中国城市家庭的平均资产约为 161.7 万元，家庭平均净资产约为 154.2

① 一般来讲，中国东部省份包括北京、上海、天津、河北、山东、江苏、浙江、福建、广东、海南、香港、澳门、台湾等地区；中部省份包括山西、河南、安徽、湖北、湖南、江西等地区；西部省份包括内蒙古、陕西、重庆、四川、云南、贵州、广西、宁夏、甘肃、青海、新疆、西藏等地区。根据经济发展程度，西南财经大学中国家庭金融调查与研究中心又将辽宁定义为东部地区，将吉林和黑龙江定义为中部地区。

万元，家庭平均可投资资产约为 55.7 万元。其中中国家庭的平均资产在 2011 年至 2017 年期间由 97.0 万元升至 150.3 万元，年均增长率约为 7.6%，家庭平均净资产在 2011 年至 2017 年期间由 90.7 万元升至 142.9 万元，年均增长率约为 7.9%，家庭平均可投资资产在 2011 年至 2017 年期间由 28.9 万元升至 50.7 万元，年均增长率约为 9.8%。2011–2018 年中国城市家庭平均资产、净资产和可投资资产的趋势图如图 3–4 所示。[①] 从趋势图观察不难发现，上述家庭资产规模在样本期间内均不断攀升。虽然其数据与 CFPS 存在一定的出入，但通过分析不难发现，《2018 中国城市家庭财富健康报告》的调查对象主要以城市家庭为主，而 CFPS 涵盖了城乡家庭样本，而在中国农村家庭资产规模普遍低于城市家庭，因此所得的资产总额数据小于单纯的城市家庭数据。

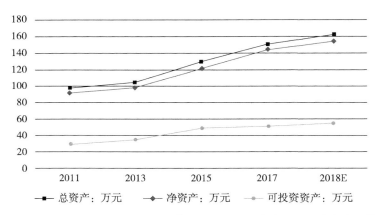

图 3–4　2011–2018 年中国城市家庭平均资产、净资产和可投资资产趋势图

二、家庭资产配置的结构特征

根据 CFPS2010–2016 年家庭资产的分类，家庭资产主要包括房屋资产、金融资产、生产经营资产、耐用消费品资产和其他资产，将上述家庭资产规模与家庭总资产相除，得到中国家庭各项资产的配置比例。CFPS 中家庭各资产在总资产的比例如图 3–5 所示。从家庭的资产结构来看，房屋资产在家庭总资产中所占的比例最大，为 57.7%。房屋资产在总资产中所占的比重超过半数，符合中国家庭资产结构的特征。这一方面是由于近些年中国房地产市场的发展及房价的上涨推动了家庭房屋资产的升值，另一方面在于受中国

---

①　2018 年家庭资产规模为估算数值，故标注为 2018E。

家庭传统住房观念的影响，因此中国家庭房屋资产在家庭总资产中所占份额较高。受中国家庭传统储蓄观念的影响，家庭金融资产在总资产中的比例也具有一定规模，为 11.3%，大于生产经营资产与耐用消费品资产。除此之外，CFPS 中家庭耐用消费品资产与生产经营资产在总资产中的比重分别为 9.5% 与 2.9%，而其他资产所占份额为 18.6%，

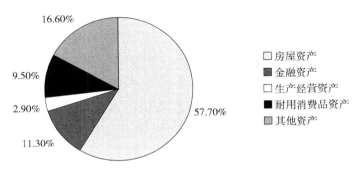

图 3-5　中国家庭资产配置比例图

从中国家庭的资产配置结构来看，除房产之外，金融资产是家庭资产最重要的资产类型。伴随着中国近些年金融市场及金融机构的快速发展，金融产品种类不断增多，有必要对家庭金融资产的结构进行分析。由于 CFPS 原数据库中对家庭金融资产分类的种类较少且有效样本不多，因此在此部分使用西南财经大学发布的《2018 中国城市家庭财富健康报告》分析家庭金融资产的结构特征。图 3-6 显示了中国家庭金融资产的结构比例。

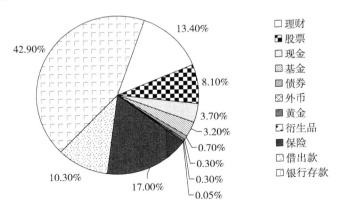

图 3-6　中国家庭金融资产结构比例图

在家庭金融资产结构中，银行存款所占的比重最大，为 42.9%。中国家

庭较高的储蓄率一直是国际社会及学术界普遍关注的话题之一，被叫做"中国储蓄率之谜"（Modigliani & Cao，2004；甘犁等，2018）。这一方面是由于家庭出于预防性储蓄动机，为应对未来可能出现的各种不确定性事件及不时之需。尽管随着经济社会的发展，中国的社会保障水平取得了长足的进步，但与家庭的需求相比仍存在一定的差距，家庭持有一定比例的存款提高了自身资金的流动性水平，可随时用于支付医疗、住房、教育、养老等大额资金需求的项目。另一方面，受传统观念的影响，中国家庭普遍具有"落袋为安"的心理，家庭存款在某种程度上来说可视为安全程度最高的资产，给家庭成员带来心理上的安全感，因此在家庭金融资产中所占份额较高。保险资产在家庭金融资产中所占的比例为17%，这说明随着社会发展水平的提高，保险已成为家庭金融资产不可或缺的组成部分，同时中国家庭也开始普遍接受保险作为预防家庭生活风险的重要作用。近些年来，随着金融机构理财产品种类和数量的增多以及得益于互联网技术的发展，金融理财产品的可得性及投资的便利性得到了极大的扩展。金融理财产品因其收益率远高于银行存款、收益较为稳定、变现期限相对灵活等的特点得到了中国家庭更多的青睐，目前在中国家庭金融资产中所占的比例为13.4%。

在借出款一项可以看到，其在家庭金融资产中所占的比例为10.3%。借出款不仅包含中国传统家庭中亲友之间的民间借款等，也包括通过金融机构进行的正规借贷。民间无利息或较少利息的借款大多承载了亲友间的情感，而商业借贷则满足了借款人的资金需求，为借款人提供了生活和投资的周转资金，同时也为贷出方多余的资金提供了投资渠道，满足了家庭资产升值的目标，因此在家庭金融资产中也具有一定的份额。股票资产是衡量一个国家金融行业发展的重要标志。与欧美等国家相对成熟的股票市场相比，中国股票市场受政策影响较大，投资者金融素养、投资经验、投资水平有待进一步提高，存在着一定的盲目性，且中国股票市场长期"七亏二平一盈"的局面，因此家庭股票资产在家庭金融资产中所占的份额不高，为8.1%，与发达国家相比存在着一定的差距。随着中国股票市场的发展、完善及投资者经验的累积，股票资产在家庭总资产中所占的份额将会有更大的拓展空间。需要指出的是，家庭借出款及股票资产往往存在着一定的违约风险及市场风险，所以值得家庭特别进行关注。与上述金融资产相比，家庭现金、基金、债券、外币、黄金、衍生品等资产在家庭金融资产中所占的份额分别为3.7%、3.2%、

0.7%、0.3%、0.3%、0.05%。

三、不同特征家庭的资产配置结构特征

为全面研究中国不同特征家庭的资产结构，本文分别按照主要家庭成员户口类型、性别、婚姻状况、年龄等对 CFPS2010–2016 年数据进行分类，计算出了各种特征家庭资产配置比例的平均数据。

图 3–7 展示了不同户口类型的中国家庭资产配置结构。从数据来看，农村家庭中金融资产、房屋资产、生产经营资产、消费品资产在家庭总资产的比重的比例分别为 8.93%、55.32%、3.31%、8.43%，城市家庭上述资产在家庭总资产中的比重分别为 14.21%、66.29%、1.83%、9.55%。可以看出，城镇家庭中的金融资产、房屋资产、耐用消费品资产在总资产中的比重高于农村家庭，而生产经营资产在总资产中的比重则低于农村家庭。一般来说，城镇家庭生活较为富足，家庭节余资金较多，且城镇家庭相对于农村家庭来说金融知识更为丰富，金融可得性更高（尹志超等，2014；尹志超等，2015），因此金融资产在总资产中的比例更高。对于房产来说，由于房地产市场的快速发展，中国城镇的房屋价值获得了较大的增值，房产在家庭总资产中占据相当大的规模，而农村家庭房屋多为自建，所以城镇家庭的房屋资产在家庭总资产中的比重较高，农村家庭房产在总资产中所占的比重相对城镇家庭而言较低。尽管如此，农村家庭房屋资产在家庭总资产中也占据相当大的比重。具体至生产经营资产，因城乡地域划分、经济结构及分工的不同，城镇家庭

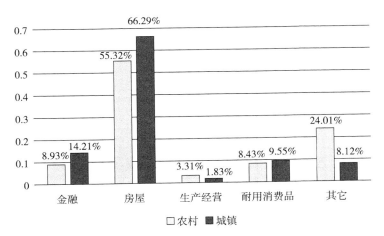

图 3–7　不同户口类型的中国家庭资产配置结构

生产经营活动以工商业为主，许多城镇家庭的收入来源于企事业单位工作收入并非生产经营活动；而农村家庭的生产经营活动则以农业活动为主，且农业生产在农村家庭中具有重要的地位，是众多农村家庭收入的重要来源，因此生产经营资产在农村家庭中所占的比重较城镇家庭高。从消费品资产在家庭总资产中比例的差异来看，城镇家庭的消费品资产比重较高。这一方面与城镇家庭相对富裕的经济状况有关，另一方面也与城镇家庭追求生活质量的心态密切相关。

从主要家庭成员的性别来看，图 3-8 显示主要家庭成员为女性的家庭金融资产、房屋资产、生产经营资产、耐用消费品资产在家庭总资产中的比重分别为 10.82%、60.51%、2.67%、9.26%，而主要家庭成员为男性家庭上述资产在家庭总资产中的比重则分别为 10.31%、57.73%、3.00%、8.49%。从资产的结构比例来看，金融资产在不同性别特征的家庭中所占的比例相差不大，主要家庭成员为女性的家庭这项指标略高于主要家庭成员为男性家庭。就房屋资产来说，主要家庭成员为女性家庭房屋资产在家庭总资产中的比例更大。这是由于女性较男性而言更加注重生活的稳定感，而且投资策略较为保守（Agnewet al.，2003；Shum & Faig，2006））。房屋资产属不动产，同时满足了家庭的居住属性与投资需求，具有一定的保值功能，因此主要家庭成员为女性的家庭房屋资产在家庭总资产中所占的比重更高。从生产经营资产来看，因男性较女性来说更为理性，往往更懂得生产经营之道，具有一定的抗

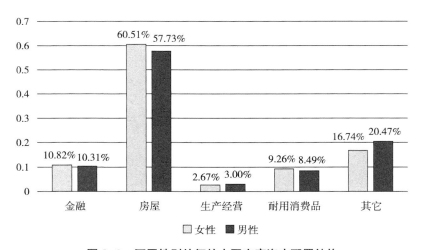

图 3-8　不同性别特征的中国家庭资产配置结构

风险能力（史代敏和宋艳，2005），受中国传统"男耕女织"观念的影响也具有较强的从事生产经营活动意愿，因此生产经营资产在主要家庭成员为男性家庭中所占的比重较大。对于耐用消费品资产而言，由于女性相对于男性来说更加注重生活的品质与舒适度，更懂得享受生活，会更多的购买耐用消费品，所以主要家庭成员为女性的家庭其耐用消费品资产在总资产中的比重高于主要家庭成员为男性的家庭。

就婚姻状况来说，图3-9列出了不同婚姻状况的中国家庭资产配置结构。未婚家庭与已婚家庭金融资产在家庭总资产中的比重分别为14.75%、10.32%，房屋资产在上述家庭总资产中的比重分别为54.65%、58.64%。这一方面是因为未婚家庭资产总额相对较小，购买房屋相对于已婚家庭来说更加具有难度；另一方面也与已婚家庭注重生活的稳定性，未婚家庭注重资金的流动性有关。房屋因其满足了居民的居住属性（张翔等，2015），能够给家庭带来心理的稳定感，因此在已婚家庭资产中占据更大的份额。未婚家庭通常年龄更小，消费需求较为旺盛，持有较多的金融资产份额可以更好地满足其消费需求，因此金融资产在未婚家庭资产中所占的比例更大。从生产经营资产与耐用消费品资产的份额来看，已婚家庭的生产经营资产在家庭总资产中所占的比例更大，为3.00%，未婚家庭的耐用消费品资产在家庭总资产中具有更多的份额，为12.25%。这说明已婚家庭的资产配置行为更注重长远，懂得从生产经营活动中获得持久的收入来源或收益；未婚家庭的资产配置行为

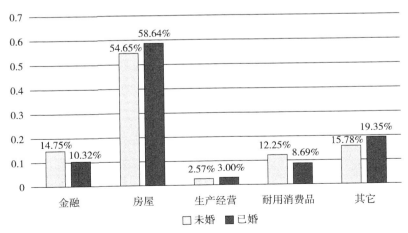

图3-9　不同婚姻状况的中国家庭资产配置结构

更着眼于眼前，活在当下，注重个人生活条件的改善与生活品质的提高。由此不难理解生产经营资产在未婚家庭总资产中所占份额为 2.57%，耐用消费品资产在已婚家庭总资产中所占份额为 8.69%，且均相对较小。

根据联合国卫生组织的划分，本文将原有样本按年龄划分为青年、中年、老年人群。青年人群年龄 ≤ 44 周岁，45 周岁 ≤ 中年人群年龄 ≤ 59 周岁，老年人群年龄 ≥ 60 周岁。通过图 3-10 对不同年龄阶段的中国家庭资产配置结构对比发现，随着年龄的增长，金融资产在家庭总资产中比例呈现出先下降后增长的趋势，而房屋资产在家庭总资产中则呈现出先增长后下降的趋势。这是由于青年人群通常消费需求比较旺盛，对资金流动性具有一定的要求，老年人经过一生的积累，具有一定的资产规模，一般会留有一定的资金用于养老、看病及各种生活开销，因此上述两类家庭金融资产在家庭总资产中的比例大于中年家庭，分别为 11.33%、12.90%，大于中年家庭的 9.58%，其中老年家庭金融资产的比例又大于青年家庭。在房屋资产一项，中年家庭房屋资产在家庭总资产中的比例为 59.01%，在各年龄段中最高。中年人一般承担较大的家庭与社会责任，承担赡养老人与抚养子女的义务，需要一定的房产为长辈与子女提供居住场所，同时也具有较强的经济实力，有能力购置更多的房产，因此房屋资产在其家庭总资产中的比重相对较高。老年人经过多年的财富积累，也拥有一定的房产规模，但因为老年人对房屋资产无太高的要求，会将一部分房产让与子女，更加偏好资产流动性的原因其房屋资产在家

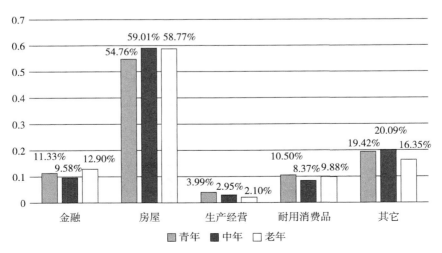

图 3-10　不同年龄阶段的中国家庭资产配置结构

庭总资产中份额有所下降，为58.77%。青年人因经济能力有限，因此较少购置房屋，其房屋资产在家庭总资产中所占的份额低于中老年群体，为54.76%。从生产经营资产来看，生产经营资产在青年、中年、老年家庭总资产中所占的比重逐渐下降，分别为3.99%、2.95%、2.10%。这是由于随着年龄的增长，家庭的精力逐渐下降，无暇顾及更多的生产经营活动，家庭追求生活安逸的心理也逐渐增强，因此生产经营资产在家庭总资产中的份额不断减小。对于耐用消费品资产来说，由于青年及老年人群更懂得享受生活，青年人又特别具有活在当下的心态，因此上述两类家庭耐用消费品资产在家庭总资产中所占的份额分别为10.50%、9.88%，而中年家庭这一比例则为8.37%。

四、家庭收入与消费规模现状

因收入和消费分别为家庭资产配置资金的重要来源及流向，因此有必要在此部分对其进行数据分析。① 由于本文所要研究的经济政策不确定性概念自2008年金融危机之后才较为凸显，且本文主要采用的微观家庭数据库CFPS为2010–2016年的数据，因此关于收入和消费的宏观数据分析本部分主要采用2008年至2016年的数据。根据《中国统计年鉴》（2018）公布的数据，中国家庭2008–2016年人均可支配收入及人均消费支出如表3–1所示。

表3–1　中国家庭2008–2016年人均可支配收入及人均消费支出

年份	人均可支配收入	人均消费支出
2008	9956.5	8707
2009	10977.5	9514
2010	12519.5	10919
2011	14550.7	13134
2012	16509.5	14699
2013	18310.8	16190
2014	20167.1	17778
2015	21966.2	19397
2016	23821.0	21285

数据来源：《中国统计年鉴》（2018），单位：元。

---

① 虽然收入与消费并非关于家庭资产配置的直接研究对象，但与其存在密切关联，是影响家庭资产配置不可忽视的因素，因此有必要对其进行分析描述。

从表 3–1 中可以看出，中国家庭的人均可支配收入和人均消费支出在 2008–2016 年间一直处于不断增长的状态，分别由 9956.5 元和 8707 元上升至 23821.0 元和 21285 元，且每年的人均可支配收入略大于人均消费支出金额，家庭消费支出受家庭可支配收入的影响和制约。与家庭资产总量相比，家庭人均可支配收入及人均消费支出都显得较小，符合家庭财富积累的规律。由于家庭资产是家庭多年收入甚至多代人的积累，因此远远大于家庭当年的可支配收入。[①]

同样，本文也列出了 CFPS 在样本期即 2010–2016 年的相关数据，得到的数据统计结果如表 3–2 所示。通过与表 3–1 的对比发现，CFPS 数据库中家庭的收入水平与消费水平与《中国统计年鉴》（2018）差距较大，这是由于 CFPS 统计中收入及消费水平以户为统计单位，而《中国统计年鉴》（2018）则以家庭中的成员为基本单位，每户家庭包括若干个家庭成员，家庭总的收入与消费水平明显要大于个人的收入与消费水平。

表 3–2　中国家庭 2010–2016 年平均收入及平均消费

年份	家庭平均收入	家庭平均消费
2010	23871.64	25221.14
2012	43890.82	37180.18
2014	45142.11	45104.55
2016	51061.12	53373.97

数据来源：CFPS2010–2016 微观家庭数据库，单位：元。

第三节　主观幸福感的分析

提及幸福，不得不提的便是"幸福悖论"。自 Easterlin（1974）提出"幸福悖论"以来，学术界便普遍对幸福予以关注。随着经济社会的发展，国际社会更加重视经济发展的质量，传统的经济指标已不能充分衡量个人对于社会发展的满足感，人类发展的最终目的是为了获得更高层次的幸福。而经济学是研究有限资源的最大化收益，可以使用经济学的研究范式用来讨论如何

---

① 由于《中国统计年鉴》尚未有家庭资产的总体数据，因此本部分关于家庭资产的描述并未涉及这方面的分析。

获取更多的幸福。在这种背景下，"幸福经济学"应运而生，幸福被引入经济学研究范畴被认为是经济学的一场革命（Frey，2010），国际上也专门有研究幸福经济学的一本期刊 Journal of Happiness Studies。

党的十九大报告提出，中国特色社会主义进入新时代，我国社会主要矛盾已经转化为人民日益增长的美好生活需要和不平衡不充分的发展之间的矛盾。社会治理的最高宗旨是不断满足人民日益增长的美好生活需要，使人民获得感、幸福感、安全感更加充实、更有保障、更可持续。在此背景下，研究中国家庭的幸福感就显得更有意义。本文将从宏观及微观两方面对中国家庭的主观幸福感进行分析。

一、主观幸福感全球排名

2012 年 6 月 28 日，联合国发布首份《全球幸福指数报告》，涵盖各个国家的多项社会领域，每年持续发布，并将之后每年的 3 月 20 日命名为"国际幸福日"。时至今日，该报告已成为评价各国幸福水平的一项权威依据，得到国际社会的广泛认可。《全球幸福指数报告》的评价标准涵盖了健康、教育、环境、时间、管理、社区活力、生活水平、内心幸福感、文化多样性和包容性等 9 个方面。根据《2019 年全球幸福指数报告》，芬兰荣获"全球最幸福国家"的称号，这已是该国连续第二年获此殊荣，与该国国民的生活方式密切相关。芬兰是北欧五国之一，经济发达、环境优美、国民信任政府、为人大方、关心彼此，因此具有较高的幸福感水平，在《2019 年全球幸福指数报告》中分值为 7.769。根据该报告，2018 年全球各个国家主观幸福感排名靠前的除芬兰之外，还有丹麦、挪威、冰岛、荷兰等，具体排名及分值情况见图 3–11。

就幸福指数分值较低的国家来看，全球幸福水平最低的三个国家分别为：南苏丹（2.853 分）、中非共和国（3.083 分）、阿富汗（3.203 分）。这些国家一方面受制于经济发展水平及生存环境，另一方面也受政治波动或战乱的影响较大。2018 年全球幸福指数靠后国家排名如图 3–12 所示。

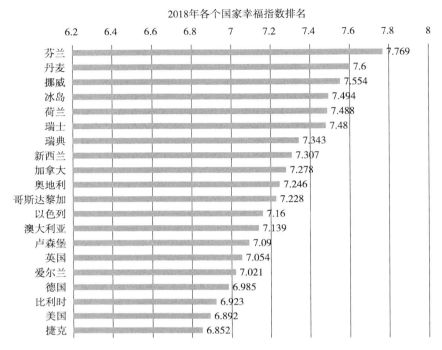

图 3-11　2018 年全球幸福指数靠前国家排名

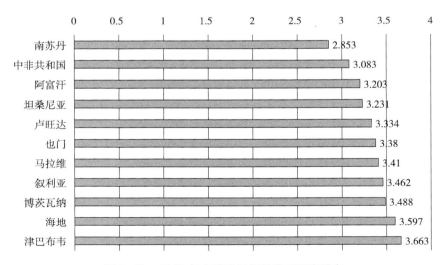

图 3-12　2018 年全球幸福指数靠后国家排名

值得注意的是，尽管近些年中国经济取得了令人瞩目的成就，经济总量已位列世界第二，但主观幸福感排名并不靠前，中国大陆与中国香港分别排名位列第 93 位和第 76 位，分值分别为 5.191 和 5.43。而经济水平排名较高的大国如美国、日本、德国、法国、英国、俄罗斯等国家均未进入前十名行列。这一方面是由于经济因素已并非衡量幸福的唯一标准，另一方面也与社会资源的分配不合理、社会保障制度、生存环境、社会价值取向的多元化等因素有关。

二、中国居民主观幸福感现状

与研究家庭资产配置的微观描述相似，本文将从 CFPS 数据库入手，对中国居民的幸福感进行微观层面的分析。心理学家倾向于用直接度量的方法来衡量主观福利，即以问答形式用序数选择的指标（如：1、2、3 等）来衡量福利水平即幸福等级，经济学领域也普遍接受用序数来测量个人的幸福水平。目前幸福经济学中对幸福较为流行的测量方法是进行大样本的问卷调查（田国强、杨立岩，2006），在调查问卷中以序数的形式来表示个人的幸福水平。CFPS 中关于幸福感的问卷设计问题是"您觉得自己有多幸福？"其中"1"表示非常不幸，"5"表示非常幸福，用数字 1–5 五个序数表示幸福满意度从低到高依次递增。通过对 CFPS 原数据库数据的整理，发现 2010 年、2012 年、2014 年、2016 年中国居民的幸福感水平均值分别为 3.75、3.29、3.78、3.62，处于不断波动过程中，这可能与近几年宏观经济环境、经济政策等的不确定性增多与国家产业结构调整升级有关。2010–2016 年中国居民的幸福感水平趋势图如图 3–13 所示。

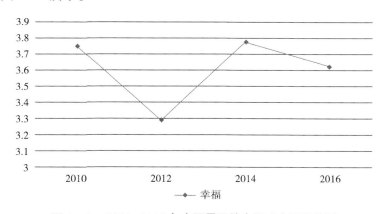

图 3–13　2010–2016 年中国居民的幸福感水平趋势图

为进一步分析地域特征对幸福感影响的差异，图 3–14 列出了 2010–2016 年间 CFPS 中国居民各省份幸福感的平均值。从地域分布不难看出，总体来说，经济水平发展较高的省份 / 自治区 / 直辖市主观幸福感水平较高，证明了幸福感与地区经济发展水平存在着一定的关联性，但也可以看出在经济发展水平较高的福建、广东等省份幸福感水平反而不算太高，这也说明了中国居民的主观幸福感不仅仅与经济发展水平有关，也存在着一些其他不可忽视的因素。

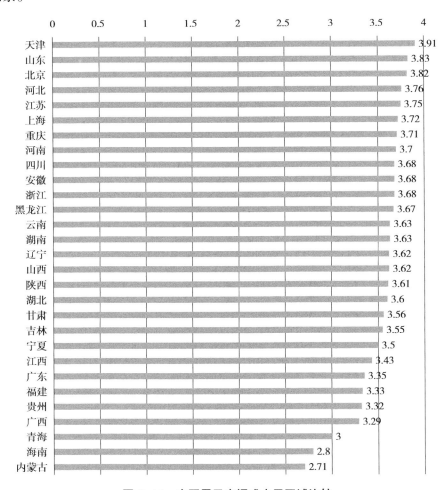

图 3–14　中国居民幸福感水平区域比较

三、不同特征居民的主观幸福感

为研究中国不同特征居民的幸福水平及差异，参照家庭资产配置的分组方法，本文同样按照居民的户口类型、性别、婚姻状况、年龄等对CFPS2010–2016年数据进行分类，计算出了各种特征居民幸福平均水平的数据，结果如3–15所示。从样本的统计结果来看，城镇居民的幸福水平高于农村家庭。城镇相对于农村来说生活条件更好，医疗、教育及社会保障等水平更高，因此城镇居民的幸福水平为3.70，大于农村居民幸福水平3.58。女性居民与男性居民的幸福水平分别为3.62、3.61，女性的幸福感水平略高于男性。女性因对绝对收入水平要求低于男性，在家庭中承担的经济压力相对较低，更容易得到满足，因此通常表现出更高的幸福水平（Mackerron，2012；Asadullah et al，2018）。从婚姻层面来看，已婚居民相比未婚居民具有更高的幸福水平，二者的幸福感水平分别为3.65、3.40。婚姻能够给人带来心理上的归属感，风险承担能力也随之增强，因此能够带来更高的幸福水平（Mackerron，2012；王艳萍，2017）。具体到年龄结构，青年、中年与老年家庭成员的幸福水平分别为3.57、3.54、3.76，呈现出U型曲线变化。年轻人具有较高的奋斗目标且生活压力较小，幸福感水平大于中年人群；老年人往往积累了一定的财富规模，对生活标准没有太高的要求，安心颐养天年，因此相对于年轻人来说具有更高的幸福感水平；中年人面临着生活及工作压力的双重压力，承担赡养老人和照顾子女的责任和义务，所以往往幸福感水平较低（Stone et al.，2010）。

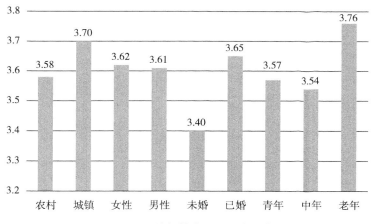

图 3–15　不同特征的中国居民主观幸福感

本章小结

本章主要描述了经济政策不确定性、家庭资产配置与居民幸福感的现状。由于本文研究的为中国家庭的资产配置与幸福感，因此对中国的经济政策不确定性指数进行了描述。在研究中国家庭资产配置现状的过程中，本文使用西南财经大学联合广东发展银行发布的《2018 中国城市家庭财富健康报告》、国家统计局公布的《中国统计年鉴》（2018）以及 2010–2016 年 CFPS 微观家庭调查数据等多项数据对其进行了描述。从分析的结果来看，尽管中国家庭的资产及财富规模总量不断攀升，已位居世界第二，但家庭的资产结构存在一定的不合理现象，家庭房屋资产与储蓄金额在家庭总资产与金融资产中所占的比例略高，家庭金融资产与生产经营资产在家庭总资产中所占的比重有待进一步扩大。这一方面需要国家及政府对房屋及楼市进行进一步调控，住房不炒，回归住房本身的居住属性，防止住房价格的过快增长，引导社会闲置资金更多地向生产经营活动及金融行业流动，推动实体经济的健康发展，同时也进一步发挥金融行业服务实体经济的作用，也要不断提高社会的基本保障水平。另一方面，需要中国家庭转变传统观念，避免持有大量房屋影响家庭资产的流动性，同时积极参与社会与金融投资，在获得收益的同时也扩大了内需，从而推动国家经济发展的良性循环。从《全球幸福指数报告》（2018）及 2010–2016 年 CFPS 微观家庭调查数据库中关于幸福的数据来看，经济发展是居民幸福的影响的重要因素之一，但并不是唯一的决定因素。因此在研究家庭的幸福感时，不仅要考虑经济因素，还要综合考虑其他各种可能的影响因素，这也为本文研究中国家庭的幸福感提供了现实数据支撑。总之，本章对于经济政策不确定性、家庭资产配置与居民幸福感的描述不仅对上述研究对象的现状进行了分析，同时也为下文进行实证分析做好了铺垫。

第四章　经济政策不确定性与家庭资产配置

第一节 问题的提出

不确定性是经济学中一个重要的概念，指的是经济行为者预先无法准确判断自身某种经济行为产生的结果。换言之，如果决策者某种经济行为可能产生的结果具有多样性，便会具有不确定性。不确定性主要体现在经济学中对风险管理的定义，指的是经济行为者对自身未来的收益和损失等经济状况的状态与分布范围无法准确预知。国内外文献中对不确定性的分类主要有两种：第一种是内部个体特征，第二种则为外部环境因素。Bernanke（1983）在研究与投资相关的信息时将其划分为两种：一种是已知的信息，另一种则为投资之后才能获得的信息。这种信息通常伴随着一定的风险，而且无法回避。Knight（1921）认为除此之外还存在着其他信息，且这种信息通常会具有不确定性，但可以通过推迟投资行为进行规避。

经济政策不确定性是指社会经济主体无法准确预知政府是否、何时、怎样改变现行的经济政策（Gulen & Ion，2016）。Baker et al.（2016）为研究经济政策不确定性的影响，首先对美国十大报刊中同时包含"经济""政策""不确定性"（或这些词汇的近义词）的文章进行统计，并计算出其出现的频率，构建了美国的经济政策不确定性指数。同时作者使用类似的方法，构建了世界范围内主要经济体的经济政策不确定性指数，并根据各国家经济在世界范围内经济总量的比重赋予权重，构建了全球经济政策不确定性指数。时至今日，该项指数已成为衡量各国经济政策不确定性的一项重要指标，并在学术界广为应用。关于经济政策不确定性的研究结论及成果也为不确定性理论及实证研究提供了更多的参考。

国内外关于家庭资产配置的研究主要集中在如何进行家庭资产配置与影响家庭资产配置的因素等两方面。Merton（1971）基于生命周期理论建立跨期消费与投资组合模型，该模型假定投资者对资产进行分配，从而得到个人效用最大化的函数。根据消费资产定价理论，个体在决策过程中可分为投资组合和跨期消费两个独立的阶段。家庭通过配置资产进行投资，实现跨期资源的优化配置，达到长期消费效用的最大化。李心丹等（2011）认为，家庭通过金融工具实现效用最大化,个体决策第一阶段为给定储蓄水平条件下的最优投资组合问题,第二阶段为最优消费或储蓄问题。吴卫星等(2015)引入Campbell& Viceira(2002)的研究成果,考虑家庭的禀赋自然环境,把效用定义在消费上,家庭在预算约束条件下进行消费与资产配置,实现效用最大化家庭的最优消费和资产选择满足条件为家庭消费的边际成本与边际收益相等。最优风险资产的持有比重是风险溢价、风险资产收益率的方差、风险规避系数、无风险资产收益率的函数。资产的风险溢价越高,资产持有比例越高,无风险收益率、风险厌恶程度及资产的风险越高,资产持有比例越低。关于家庭资产配置影响因素的研究显示,家庭资产配置主要受个体特征、经济因素、外部环境等的影响与制约(Guiso et al.,2000;Campbell J Y.2006;史代敏、宋艳,2005;雷晓燕和周月刚,2010;吴卫星和吕学梁,2013;尹志超等,2014)。

当前我国正处在经济结构转型阶段,市场经济环境变化较快,这就为家庭的资产配置行为增添了诸多不确定性因素,包括经济政策、产品价格、内外环境等,从而有可能对家庭的资产配置行为产生较大影响。研究经济政策不确定性对家庭资产配置的影响不仅能为不确定性的理论及实证研究提供新的论据,也可以进一步丰富经济政策不确定性和家庭金融的相关文献,因此具有重要的研究价值和意义。

第二节 理论分析与研究假设

投资组合理论与资产定价模型是研究消费者即家庭资产选择行为的重要工具。在确定条件下,相同期限的金融资产提供相同的回报率,具有相同的市场价格水平。当面临其他条件相同的两种选择时,投资者会选择较低风险或较高预期收益的组合,可视为无风险资产与风险类资产的组合,理性投资者进行资产配置的比例为无风险资产的单位收益与风险资产单位风险所得的收益相同。经济政策不确定性意味着市场上的不确定性因素增加,一方面可能带来更多的投资机会,家庭参与金融市场有机会获得更多的超额回报;另一方面,未来市场的潜在风险增多,会增加股票市场的波动(Baker et al.,2016;Pastor and Veronesi,2012)。家庭在不同资产之间的资产配置行为会受到其对经济政策信息判断及理解的影响,受经济政策不确定性的影响对于未来的预期会有一定的改变；家庭根据对未来风险资产和无风险资产可能的收益及所要承担的风险进行权衡，进而调整自身的资产配置行为，决定是否进入或退出金融市场以及调整各项资产在总资产中的比重。

家庭参与金融市场行为与金融的可得性密切相关（尹志超等，2015）。传统途径中，家庭通过银行等实体金融网点接受金融服务，参与金融活动；随着互联网金融的兴起及移动电子支付的普及①，家庭可借助于网络更多地参与金融活动。然而，当外部经济政策面临较大的不确定时，以银行为代表的金融机构提供的服务减少（Berger et al. 2017），依托于实体经济互联网金融也会因此受到波及，向客户提供银行理财、基金、债券等服务不可避免的受到影响，家庭可获得的金融服务及信息的数量下降，金融的可得性减少，这就降低了家庭参与金融市场的可能性。

目前学界普遍认为预防性动机是中国居民储蓄率偏高的原因。与公司经营的现金持有策略相似，家庭处于社会经济活动当中，当家庭面临外部的不确定时出于预防性动机会增加现金、储蓄等无风险资产的持有，以应对未来随时可能出现的资金需求或财务危机（李凤羽和史永东，2016；张光利等，2017）。相对来说，无风险资产较股票、债券、基金等资产安全程度更高，经济政策不确定时家庭倾向于减少对股票等资本市场的投资，造成市场的有限参与（Cao et al.，2005）。家庭减少风险资产的持有可以在一定程度上避免经济政策不确定性对自己可能带来的潜在减值损失，而增加无风险资产的持有可以提高家庭资产的安全性和流动性。在一定时间段家庭的资产规模可视为不变的，或仅有较小幅度变化，家庭减少风险性资产的持有或增加无风险资产的配置比例会稀释风险性资产在家庭总资产中的比例。

家庭资产按其不同的存在方式、功能和用途可分为房屋资产、金融资产、生产经营资产和耐用消费品资产等。不同的资产种类因其规模的不同在家庭总资产中占据各自的比例。经济政策不确定条件下，各家庭资产因其属性的不同在家庭总资产中的比重往往会发生不同程度的改变。相对来说，房屋资产与金融资产更加符合安全类资产特点，具有一定的保值功能，基于此考虑，经济政策不确定条件下这两种资产在家庭总资产中的比重可能会增大。而房屋资产除了具有资产属性之外，还具有一定的消费品属性（李涛和陈斌

---

① 近些年移动电子支付具有代表性的产品主要有微信、支付宝以及手机银行等。

开，2014；蔡锐帆等，2016），受此影响其变动的幅度与金融资产有所不同。对于生产经营资产来说，在一定程度上其代表了家庭参与实业投资的程度，由于经济政策不确定性对同属于微观经济个体的企业投资的影响大多是负的（Kang et al，2014；李凤羽和杨墨竹2015），因此受其影响家庭可能会降低生产经营资产在总资产中的比重。对于耐用消费品资产来说更多地体现为消费品的属性，经济政策不确定条件下家庭的预防性储蓄动机一定程度上压制了自身的消费行为，因此在此背景下其在家庭资产中的比重可能会减少。

家庭因各种特征因素的影响具有不同程度的背景风险。背景风险水平不同的家庭本身就会做出差异化的资产配置行为，家庭根据因各自不同的背景风险产生不同的财产选择需求及风险偏好；当外部经济政策不确定性增加时，家庭会根据自身的风险承受水平及风险态度重新调整各项资产在总资产中的比重。另一方面，经济政策不确定性会对家庭收入、健康、房产等影响家庭背景风险的因素产生作用，家庭因这些因素的改变调整自身的资产配置行为（Guiso et al.，2000；Broer，2017；雷晓燕和周月刚，2010）。

根据以上分析，本文提出以下假设：

假设1：经济政策不确定性减少了家庭参与金融市场的概率。

假设2：经济政策不确定性对家庭风险资产在总资产中的比重具有减弱作用。

假设3：经济政策不确定性对家庭各资产在总资产中的比重的影响各不相同。

假设4：经济政策不确定性对不同特征的家庭资产配置行为影响有所不同。

第三节　模型构建与数据说明

一、主要变量说明

关于解释变量经济政策不确定性（EPU），本文采用目前学术界普遍使用的Baker et al.（2016）构建的中国经济政策不确定性指数作为衡量指标。因本文采用的家庭资产配置数据为年度数据，因此取各月度的平均值作为当年度的经济政策不确定性指数。

本文主要考察经济政策不确定性对家庭资产配置的影响，主要从家庭是否参与金融市场、参与金融市场的深度及家庭资产结构等三方面进行考察。总体来说，家庭的资产包括风险资产与无风险资产。其中风险资产包括股票、基金、债券等，无风险资产包括现金、存款、国债等风险度较低的资产。借鉴尹志超等（2014、2015）的做法，本文将家庭参与金融市场定义为家庭是否拥有股票、基金、债券等风险资产，将家庭参与金融市场的深度定义为家庭风险资产占金融资产的比重。

具体就家庭资产种类来说，家庭资产包括房屋资产、金融资产、生产经营资产和耐用消费品资产等。本文主要使用 CFPS2010–2016 年的家庭连续调查微观数据，根据原数据库中对家庭资产的分类，本文主要讨论的关于家庭资产配置的有关变量为：金融资产，包括现金、存款、股票、基金、国债、信托产品、外汇产品等；房屋资产，包括家庭当前居住及其他所有的自有房屋；生产经营资产，包括种植业（即狭义的"农业"）、林业、畜牧业、渔业、副业等农业活动及个体经营、私营企业等工商业活动；耐用消费品资产，包括汽车、家电、家具、珠宝、乐器等单位价格在 1000 元以上、自然使用寿命在两年以上的产品。[①] 为准确度量家庭资产配置的分配及比例，本文以上述家庭资产种类与家庭总资产相除得到的比值作为衡量家庭资产结构的变量。

二、模型构建

由于被解释变量家庭是否参与金融市场是一个虚拟变量且为二值离散型的，因此可选用 Probit 模型分析经济政策不确定性对家庭参与金融市场的影响；而家庭参与金融市场的深度为一个比例数值，在［0，1］之间，且为截断（censored）的，所以使用 Tobit 模型研究其对家庭参与金融市场深度的作用。参见李凤羽和杨墨竹（2015）的做法，为避免可能存在的内生性问题，本文以经济政策不确定指数滞后一期 EPU_{t-1} 作为解释变量，其中 Probit 模型设定如下：

$$Y_{i,t} = 1(\alpha_0 + \alpha_1 EPU_{t-1} + \alpha_2 X_{i,t} + u_{i,t} > 0)$$

式中 Y 为虚拟变量，当 $Y=0$ 时表示家庭没有参与金融市场，$Y=1$ 时表示家庭参与金融市场；EPU_{t-1} 表示上一年度的经济政策不确定指数；X 表示

---

① 此项定义为 CFPS 原数据库中的定义方式。

家庭的其他特征变量，包括收入因素与非收入因素等；$u \sim N(0, \sigma^2)$，为随机干扰项；i，t 分别表示某一家庭某一年度的变量。而 Tobit 设定为：

$$y^*_{i,t} = \alpha_0 + \alpha_1 EPU_{t-1} + \alpha_2 X_{i,t} + u_{i,t}$$

$$Y_{i,t} = \max(0, y^*_{i,t})$$

其中 y^* 可以用来表示家庭风险资产在金融资产中的比例大于 0 小于 1、家庭各种类资产在总资产中的比例大于 0 小于 1 的数值；Y 可以用来表示风险资产占金融资产、家庭各种类资产占总资产的比例；其余变量含义与 Probit 设定相同。

在研究家庭资产配置影响的各项因素中，除本文所要重点研究的经济政策不确定性之外，还应重视其他因素对资产配置的影响效果。因本文主要研究经济政策对家庭资产配置的影响，因此将与家庭相关的其他特征变量作为控制变量，经济政策不确定性作为解释变量对家庭资产配置的影响进行研究。

三、数据说明

本文采用的家庭数据来源于北京大学中国社会科学调查中心实施的中国家庭追踪调查（China Family Panel Studies，CFPS）项目。因本文主要研究家庭资产配置的有关问题，因此对原数据库有关的变量进行筛选，将样本中家庭成员的个人数据与家庭数据进行合并，根据需要剔除部分异常值与缺失值，最终得到上述 4 年 56421 份家庭样本成员的非平衡面板数据进行研究。

除前文已说明的主要解释变量及被解释变量之外，结合以往文献研究文献，根据研究对象及数据的可得性，本文选取以下控制变量进行研究。具体包括性别、年龄、婚姻、受教育程度、健康状况、收入、资产、户口情况等因素，具体变量说明见表 4–1。[①]

表 4–1　主要变量说明

变量符号	变量名称	变量说明
EPU	经济政策不确定性	中国经济政策不确定指数，为当年月度平均值 /100
Fin_par	金融市场参与	家庭是否拥有股票、基金、债券等风险资产，是 =1；否 =0
Fin_deg	金融参与度	家庭风险资产金额 / 金融资产总额
Hou_pro	房屋资产比例	家庭房屋资产金额 / 家庭总资产

---

① 鉴于回归结果系数大小的考虑，此处将部分变量进行一定的数学处理。

变量符号	变量名称	变量说明
Fin_pro	金融资产比例	家庭金融资产金额 / 家庭总资产
Pro_pro	生产经营资产比例	家庭生产经营资产 / 家庭总资产
Con_pro	耐用消费品 资产比例	家庭耐用消费品资产 / 家庭总资产
Gen	性别	男性 =1；女性 =0
Age	年龄	调查当年的年龄，以整岁计算
Age_squ	年龄平方	年龄 * 年龄 /100
Mar	婚姻	已婚（在婚）=1；其他 =0
Edu	教育	居民的受教育年限，以整年计算
Hea	健康	居民对自身健康评价，数值由 1–5 依次递增
Inc	收入	家庭当年的总收入取对数
Ass	资产	家庭当年的总资产取对数
Reg_res	户口	居民的户口类型，城镇 =1；农村 =0

CFPS 中关于健康状况的问卷设计问题是"你认为自己身体的健康状况如何？"按健康自我评价分值的大小进行赋值，分值由 1–5 五个整数值选项，用以度量居民健康状况由差向好递增。

四、变量的描述性统计

根据模型的设定及变量的选取，表 4–2 列出了各变量的描述性统计分析结果。可以看出，2010–2016 年中国经济政策不确定性指数均值为 1.479，处于高位水准。样本期内家庭金融参与度与参与深度均值分别为 0.059 与 0.038，总体来说中国家庭居民参与金融市场的程度还是属于较低水平。家庭金融资产、房屋资产、生产经营资产、耐用消费品资产等各资产在总资产中的比重反映了家庭资产配置的结构和数量，上述资产种类在家庭总资产中的比例分别为 11.3%、57.7%、2.9%、9.5%，房产在家庭总资产中比例最大，家庭金融资产与耐用消费品资产规模基本相当，略高于家庭耐用消费品资产，家庭生产经营资产规模比例相对较小。家庭主要成员性别结构均值分别为 0.595，体现了中国家庭户主多为男性，且男性较多参与家庭资产配置的现实。家庭成员年龄由 16 岁至 110 岁，年龄结构基本覆盖了具有完全民事行为能力及具有理性家庭资产配置行为的各个年龄段家庭成员群体。①样本中关于家庭婚姻的指标均值为反映了样本中大部分为已婚家庭；家庭成员的平均受教育年限为7.037，处于中学文化程度水平；样本内居民户口情况均值为0.302，与中国城镇家庭少于农村家庭的特点比较相符；健康状况分值均值为3.147，属于较为健康水平；家庭收入及总资产取对数后的均值分别为10.086和11.928，家庭总资产明显大于家庭收入，这也较符合家庭财富规模的特点。

表4-2 变量的描述性统计分析

变量符号	样本数量	均值	标准差	最小值	最大值
EPU	56421	1.479	0.283	1.139	1.813
Fin_par	56065	0.059	0.236	0	1
Par_deg	36533	0.038	0.158	0	1
Hou_pro	39522	0.577	0.331	0	1
Fin_pro	52357	0.113	0.202	0	1
Pro_pro	38565	0.029	0.100	0	1
Con_pro	37713	0.095	0.171	0	1
Gen	49880	0.595	0.491	0	1
Age	50013	50.980	14.046	16	110
Age_squ	50013	27.962	14.748	2.56	121
Mar	56411	0.768	0.422	0	1
Edu	48412	7.037	4.714	0	22
Reg_res	49113	0.302	0.459	0	1
Hea	50003	3.147	1.315	1	5
Inc	50771	10.086	1.332	0	16.156
Ass	52184	11.928	1.555	0	18.199

① 《民法总则》规定：16岁以上未成年人，主要生活来源为自己劳动收入的可视为完全民事行为能力的人；18周岁以上自然人则同样为完全民事行为能力人。

第四节　实证结果及分析

一、经济政策不确定性与家庭资产配置

（一）经济政策不确定性与家庭金融市场参与

表 4-3 报告了经济政策不确定性对家庭金融市场参与影响的模型估计结果，其中回归式（1）和（3）分别报告了加入经济政策不确定性变量前各因素对家庭是否参与金融市场及金融市场参与深度的影响。关于主要解释变量经济政策不确定性的作用，通过回归式（2）可以看到，经济政策不确定性减少了家庭持有股票、基金、债券等金融资产的概率，但影响较小。这是由于经济政策不确定性增加时，金融机构提供服务减少（Berger et al.，2017），抬高了家庭进入金融市场的门槛，金融的可得性的减少也会降低家庭参与金融市场的可能性（尹志超等，2015），家庭参与金融市场的概率减小。另一方面，家庭对于参与金融市场决策通常具有一定的连续性、稳定性及所谓的黏性，家庭对于是否进入股票、债券、基金市场及清空股票、债券、基金等资产尤其是销户通常具有一定的"皮鞋成本"；虽然部分家庭会采取清空某一类资产这样"极端"的做法，但这种现象比较少见，而且家庭在这类账户存有一定的资产也是对未来行情可能反转存在一定程度的预期，因此经济政策不确定性对家庭参与金融市场概率的影响较小。

表 4-3　经济政策不确定性对家庭金融市场参与影响的模型回归结果

解释变量	（1）	（2）	（3）	（4）
	Fin_par		Par_deg	
	Probit 模型	Probit 模型	Tobit 模型	Tobit 模型
EPU		−0.020 （0.044）		−0.352*** （0.039）
Gen	−0.143*** （0.024）	−0.143*** （0.024）	−0.149*** （0.022）	−0.146*** （0.022）
Age	0.020*** （0.006）	0.020*** （0.006）	0.025*** （0.005）	0.024*** （0.005）
Age_squ	−0.019*** （0.005）	−0.019*** （0.005）	−0.022*** （0.005）	−0.022*** （0.005）

解释变量	（1）	（2）	（3）	（4）
	Fin_par		Par_deg	
	Probit 模型	Probit 模型	Tobit 模型	Tobit 模型
Mar	−0.007	−0.007	−0.028	−0.029
	（0.040）	（0.040）	（0.036）	（0.035）
Edu	0.064***	0.064***	0.055***	0.053***
	（0.003）	（0.003）	（0.003）	（0.003）
Reg_res	0.716***	0.715***	0.686***	0.671***
	（0.028）	（0.028）	（0.028）	（0.028）
Hea	0.039***	0.038***	0.087***	0.064***
	（0.011）	（0.011）	（0.010）	（0.010）
Inc	0.140***	0.141***	0.065***	0.070***
	（0.013）	（0.013）	（0.011）	（0.012）
Ass	0.297***	0.297***	0.234***	0.235***
	（0.011）	（0.011）	（0.010）	（0.010）
_cons	−8.269***	−8.240***	−6.552***	−5.968***
	（0.214）	（0.223）	（0.218）	（0.221）
Pseudo R^2	0.298	0.298	0.265	0.270
Observations	40894	40894	27881	27881

　　注：括号内为标准差；*、**、*** 分别表示在 10%、5%、1% 的水平下显著。表 4-5、表 4-6、表 4-7 和表 4-8 同，另个体特征变量回归结果限于篇幅未列出。

　　家庭风险资产占总资产的比重是衡量家庭金融市场参与深度的重要指标。在回归式（4）中，本文报告了加入经济政策不确定性变量后各因素对其的影响，结果表明经济政策不确定性对家庭参与金融市场深度在 1% 的水平下有显著的抑制作用。根据资产定价模型及理论，市场上的资产包括风险资产与无风险资产。在确定条件下，金融资产所提供的现金流不存在不确定；而当家庭面临经济政策不确定性增加时，意味着市场的不确定性因素增加，风险资产贬值的概率增加，家庭出于套利保值的目的会减少风险资产的持有，增加无风险资产的需求，因此会降低风险资产持有的比例。家庭会在经济政策不确定性增加时对个人资产结构进行一定的调整，家庭倾向于减少在股票等资本市场的活动，对金融市场进行有限参与（Cao et al.，2005）。通常家庭在原有金融账户的基础上交易金融产品的"皮鞋成本"几乎为零，虽然买卖过程中存在一定的费用，但这种费用与盈利或止损相比往往很小；经济政策不确定增加时股票、债券、基金等风险资产贬值的可能性较大，家庭出于预防性动机会减少持有这类资产在金融资产的比重，且这种影响较为显著。

（二）经济政策不确定性与家庭资产结构

表4-4报告了经济政策不确定性对家庭资产结构影响的模型估计结果，回归式（1）至（4）分别报告了经济政策不确定性对家庭金融资产、房屋资产、生产经营资产、耐用消费品资产在家庭总资产中比例的影响。从回归结果来看，经济政策不确定性能够显著增加家庭金融资产、房屋资产、生产经营资产在家庭总资产中的比重，而对于家庭耐用消费品资产而言经济政策不确定性对其具有显著的抑制作用。

表4-4　经济政策不确定性对家庭资产结构影响的模型回归结果

变量名称	（1）金融资产	（2）房屋资产	（3）生产经营资产	（4）耐用消费品资产
EPU	0.195***	0.019***	0.008*	−0.024***
	（0.005）	（0.006）	（0.005）	（0.003）
Gen	0.005*	−0.014***	0.025***	−0.012***
	（0.003）	（0.004）	（0.003）	（0.002）
Age	−0.006***	0.001	0.004***	−0.003***
	（0.001）	（0.001）	（0.001）	（0.000）
Age_squ	0.006***	0.001	−0.005***	0.002***
	（0.001）	（0.001）	（0.001）	（0.000）
Mar	−0.006	−0.038***	0.033***	0.012***
	（0.004）	（0.006）	（0.005）	（0.003）
Edu	0.005***	−0.006***	−0.000	0.004***
	（0.000）	（0.000）	（0.000）	（0.000）
Hea	−0.010***	−0.019***	0.003**	0.005***
	（0.001）	（0.001）	（0.001）	（0.001）
Reg_res	0.043***	0.057***	−0.117***	0.027***
	（0.003）	（0.004）	（0.004）	（0.002）
Inc	0.033***	−0.030***	−0.010***	0.015***
	（0.001）	（0.002）	（0.001）	（0.001）

变量名称	（1）金融资产	（2）房屋资产	（3）生产经营资产	（4）耐用消费品资产
Ass	−0.025***	0.139***	0.031***	−0.056***
	（0.001）	（0.002）	（0.001）	（0.001）
_cons	0.002	−1.052***	−0.511***	0.790***
	（0.026）	（0.037）	（0.033）	（0.018）
Pseudo R^2	0.2190	0.3425	0.2554	0.3336
Observations	40555	31233	30038	29991

注：括号内为标准差；*、**、*** 分别表示在10%、5%、1%的水平下显著。

就金融资产来说，金融资产是中国家庭除房屋外最重要资产组成部分，而金融资产中储蓄型存款占据了金融资产最大的份额。受中国传统文化及预防性动机的影响，中国家庭普遍具有较高的储蓄率，以应对各种不时之需，被学术界称为"中国储蓄率之谜"（Modigliani & Cao，2004；甘犁等，2018）。在家庭的各项资产种类中，金融资产流动性强，交易过程时间短，具有良好的变现能力，因此受经济政策不确定性影响较大。经济政策不确定性对家庭金融资产在总资产中比重的影响系数为0.195，通过与其他资产回归系数绝对值的对比不难发现，经济政策不确定性对家庭金融资产份额的影响程度远大于其他家庭资产份额，这说明当外界经济政策不确定性增加时，我国家庭具有不稳定的心理状态，把家庭资产的安全性放在首位，是风险规避或厌恶者，在资产配置的过程中更倾向于增加对预防性储蓄等金融资产的持有，其所占家庭总资产的份额相应的增大。至于经济政策不确定性对家庭股票、基金、债券等风险资产配置的影响，在本文第三章已经有所讨论，因此在这里不再赘述。

中国家庭对于房屋具有特殊的情结。受农耕社会文化的影响，中国家庭大多具有"住有所居"的心理，追求拥有房屋产权给自身心理带来的稳定感。房屋满足了家庭的居住需求，为家庭提供了基本的生活场所，具有消费品的属性；另一方面，随着我国住房改革的深化及商品住房市场的发展，房屋又具有了投资品的属性（李涛和陈斌开，2014；蔡锐帆等，2016）。从表6-2的描述性统计也可以看出，住房资产占据了家庭总资产中最大的比例，而在回归结果中不难发现，经济政策不确定性增加了房屋资产在总资产中的比重，但对其影响程度不及金融资产。如上所述，房屋具有消费品与投资品的双重属性，房屋满足了家庭的基本所需，经济政策不确定性增加时，家庭大多选择防御性策略，购买房屋一方面保障了家庭的居住需求，另一方面房屋作为投资品也保有未来升值的可能，满足了家庭的预防性储蓄动机，因此经济政策不确定性显著提升了家庭房屋资产在总资产中的比重。至于经济政策不确定性对家庭房屋资产和金融资产不同的影响程度，本文认为，房屋资产在储存、分割、交易变现等方面均不如金融资产灵活，因此经济政策不确定性对其在家庭总资产中比例的提升作用不及金融资产。

生产经营资产是家庭参与社会实体经济活动及产业投资的重要载体。有别于股票、基金、债券等参与金融市场活动的间接资本投资，家庭的生产经营资产直接用于家庭生产经营活动，为家庭带来一定的收益。相对参与金融市场来说，家庭生产经营活动更贴近于"实业"，通常收入比较稳定，受经济政策影响相对较小，波动率较低（李涛和陈斌开，2014）；不仅如此，家庭生产经营资产相对于金融资产来说交易及变现能力较差，因此当经济政策不确定性增加时，家庭同属于投资产品的股票、基金、债券等风险资产在总资产中的比重降低，而家庭生产经营资产并未发生显著的减少倾向，且变化程度不大，与本文的假设存在一定的出入。这是由于经济政策不确定性不仅为投资市场带来了风险，也有可能产生新的投资机遇，市场格局或产业结构面临重新调整及重新"洗牌"的可能性，家庭可能会加大对生产经营活动的投资，同时家庭的生产经营活动与企业经营存在一定的区别，生产经营活动策略不如企业专业，不能及时止损，所以回归结果为正。与家庭金融资产和房屋资产相比，家庭生产经营资产更多的体现为投资品的属性，预防性功能较弱，因而经济政策不确定性对其在总资产中比重的提升作用不及家庭金融资产与房屋资产。

耐用消费品资产一方面是家庭资产的组成部分，另一方面也代表了家庭的消费水平。回归结果显示，经济政策不确定性显著降低了家庭耐用消费品资产在家庭总资产中的比重。经济政策不确定条件下，家庭出于预防性动机增加了储蓄等金融资产的持有，同时房屋及生产经营资产比例的上升也在一定程度上挤占了家庭用于购买耐用消费品的资金，因此经济政策不确定性对家庭耐用消费品资产在家庭总资产中的比重具有显著的抑制作用。经济政策不确定性不仅会强化家庭的预防性储蓄动机，也会对家庭未来的预期产生影响。在经济政策不确定性背景下，家庭很有可能对未来产生较大的风险预期，当未来收入可能降低或消费可能增加时，家庭往往会降低当前的消费水平，为未来可能面临的各种不确定因素和消费支出增加储蓄，从而降低了家庭耐用消费品资产在家庭总资产中的份额。

二、控制因素与家庭资产配置

（一）控制因素与家庭金融市场参与

表4-3报告了经济政策不确定性对家庭金融市场参与影响的模型估计结果，其中回归式（1）和（3）分别报告了加入经济政策不确定性变量前各因素对家庭是否参与金融市场及金融市场参与深度的影响。通过对居民其他控制因素对家庭资产配置影响的回归，得到了与以往研究相一致的结果。具体来说，样本受访成员为男性的家庭参与金融市场的概率及深度要小于受访成员为女性的家庭。年龄对家庭参与金融市场的影响呈倒 U 型曲线。通常年轻人消费需求比较旺盛，但因资产有限可能会放弃投资的机会，同时因投资经验、信息获取、理财能力的不足也会降低他们参与金融市场的几率；而老年人退休之后通常会留有一部分资金用于养老及应对不时之需，会减少金融市场的参与。因此年龄对金融市场参与的影响系数为正，而其平方项为负（Guisoet al.，2000）。已婚家庭参与金融市场的概率及深度低于未婚家庭。教育年限越长，居民的知识结构及个人发展通常更好，也会对其参与金融市场产生一定的促进作用。城镇家庭参与金融市场的可能性大于农村家庭。此外，居民个人的健康状况向好、收入及财富水平的增加等意味着个人通常具有更好的健康及生活保障，降低了家庭的背景风险，居民也会因收入效应及财富效应增加个人参与金融市场的热情，因此这些因素对家庭参与金融市场具有显著的促进作用。

（二）控制因素与家庭资产结构

控制变量对家庭资产结构的影响各不相同。具体来说，样本受访成员为男性的家庭更倾向于持有金融资产和生产经营资产，而样本受访成员为女性的家庭则更倾向于拥有房屋资产和耐用消费品资产，这与男女性别差异和心理特征有关。男性往往开拓性强，具有投资意识，因此家庭金融资产与生产经营资产在家庭总资产中所占比重较高，而女性大多追求生活的稳定，因此家庭房屋资产和耐用消费品资产在家庭总资产中比重较高。年龄对家庭金融资产与耐用消费品资产比例的影响呈 U 型曲线，对家庭生产经营资产比例的影响呈倒 U 型曲线。通常年轻人资产规模较小且消费需求比较旺盛，但因资金、经验、技术的不足降低了生产经营活动参与的深度，因此家庭金融资产和耐用消费品资产所占比例较大，生产经营资产所占比例较小。而老年人退休之后通常会留有一部分资金用于养老及应对不时之需，并且随着年龄的增加，家庭耐用消费品资产不断积累，老年人又大多追求安逸的生活，所以金融资产与耐用消费品资产在家庭总资产中份额较大，家庭生产经营资产在家庭总资产中份额较小。

已婚家庭房屋资产在家庭总资产中的比重低于未婚家庭，生产经营资产和耐用消费品资产在家庭总资产中所占比重高于未婚家庭。随着教育年限的增长，家庭资产中金融资产和耐用消费品资产比例上升，房屋资产所占比例下降。家庭成员健康状况的好转一方面增加了家庭用于生产经营和消费品资产的份额，另一方面减少了家庭金融资产和房屋资产等预防性储蓄资产的份额。城镇家庭的金融资产、房屋资产、耐用消费品资产在家庭总资产中比例较高，农村家庭受制于经济发展水平及社会生产方式的限制生产经营资产在家庭总资产中所占比例较高。家庭收入的增加提高了家庭金融资产和耐用消费品资产在总资产中的比重，降低了家庭房屋资产和生产经营资产在总资产中的比重，而家庭资产规模的扩大对家庭资产结构及数量则呈现出相反的影响效果。为控制地区因素对模型估计结果可能存在的偏误，本文采用省份固定效应对模型进行回归。

三、经济政策不确定性与家庭资产配置异质性分析

因居民的个体特征、特质与地理分布存在差异，为研究经济政策不确定性对不同家庭成员资产配置的影响，本文分别按性别、婚姻、户口类型将家庭成员进行分组，对经济政策不确定对家庭资产配置的影响进行异质性分析。其中经济政策不确定性对家庭资产金融市场参与影响的异质性分析如表 4-5 所示，而经济政策不确定性对家庭资产结构影响的异质性分析如表 4-6 所示。

表 4–5a 经济政策不确定性对家庭金融市场参与影响的异质性分析

解释变量	（1）	（2）	（3）	（4）
	男性		女性	
	Fin_par	Par_deg	Fin_par	Par_deg
EPU	−0.023	−0.372***	−0.016	−0.325***
	（0.060）	（0.054）	（0.066）	（0.057）
_cons	−8.191***	−6.033***	−8.601***	−6.131***
	（0.223）	（0.309）	（0.335）	（0.321）
Pseudo R^2	0.300	0.279	0.297	0.257
Observations	24297	16669	16597	11212

就家庭金融市场参与来看，男性居民较女性而言经济政策不确定性对其家庭资产配置的影响更大。通常来讲，男性较女性在进行经济决策及财产分配的过程中更为理性，男性的金融素养水平普遍高于女性（吴卫星等，2018），能够对外在的经济政策变动及时做出经济调整。此外，在中国传统家庭中男性大多为家庭户主，男性往往承担较大的经济压力、家庭和社会责任，因此经济政策不确定性对男性金融市场参与深度影响系数的绝对值大于女性居民。此外，男性较女性更加偏好风险，但从结果来看，当经济政策不确定性增加时，男性居民降低参与金融市场的程度大于女性居民，这一现象很难用风险偏好的差异来解释（王琎和吴卫星，2014），这可能是在中国男性的健康状况及寿命普遍低于女性，因此当面临不确定时具有较大的规避风险意愿。

表 4–5b 经济政策不确定性对家庭金融市场参与影响的异质性分析

解释变量	（1）	（2）	（3）	（4）
	未婚		已婚	
	Fin_par	Par_deg	Fin_par	Par_deg
EPU	−0.091	−0.481***	−0.010	−0.336***
	（0.132）	（0.131）	（0.047）	（0.041）
_cons	−7.531***	−5.766***	−8.459***	−6.139***
	（0.581）	（0.651）	（0.254）	（0.246）
Pseudo R^2	0.302	0.271	0.299	0.271
Observations	5124	3344	35770	24537

从婚姻层面上来说，未婚家庭通常收入渠道较为单一，抗风险能力弱，

面临着较大的背景风险，因此对外在环境的变化更为敏感；已婚家庭总资产规模较大，风险承受能力较强，因此经济政策不确定性增加时其反应程度不及未婚家庭。从回归结果可以看出，经济政策不确定性对未婚家庭参与金融市场深度的影响系数为 −0.481，大于其对已婚家庭的影响系数 −0.336 的绝对值。婚姻也会给家庭金融决策者带来心理上的安全感，降低个人风险的感受能力（王琬和吴卫星，2014）；而且从某种程度上来说，婚姻可视为一种安全资产，与风险资产具有一定的替代作用，在同样条件下已婚家庭较未婚家庭无风险资产在家庭总资产中的比例更高，因此面临外部不确定增加时减少参与风险投资的程度低于未婚家庭。

表 4−5c　经济政策不确定性对家庭金融市场参与影响的异质性分析

解释变量	（1）	（2）	（3）	（4）
	城镇		农村	
	Fin_par	Par_deg	Fin_par	Par_deg
EPU	−0.065	−0.368***	0.070	−0.340***
	（0.055）	（0.045）	（0.075）	（0.094）
_cons	−8.264***	−5.257***	−6.914***	−7.158***
	（0.284）	（0.244）	（0.370）	（0.588）
Pseudo R^2	0.172	0.126	0.139	0.159
Observations	12653	9717	28241	18164

由于中国社会长期存在着典型的城乡二元结构，因此本文以家庭成员户口类型划分城镇与农村样本。一般来说，城镇普遍较农村经济发达，家庭财富、收入、社会医疗保障水平更高，城镇家庭面临的背景风险较低；同时城镇居民受教育水平较高，信息渠道较为畅通，知识获取、学习能力、金融素养水平普遍较高，城镇金融网点无论是从数量还是规模来讲都优于农村（尹志超等，2014；尹志超等，2015；吴卫星等，2018），因此其对外在的经济政策不确定性反应更为迅速，金融市场参与深度受此影响更大。从回归系数的方向来看，农村家庭在面临经济政策不确定性增加时参与金融市场的概率更大，为验证这一结果的可信度，本文又以调查地点的地域将原样本划分城镇与农村，得到相似的结果。① 这可能是因为农村家庭受限于信息渠道的有效性，

① 户口类型和居住地区虽然对原样本的分类有所差异，但回归结果的一致性也表明了经济政策不确定性对城乡家庭资产配置影响的不同。

家庭资产选择具有一定的盲目性，因此在经济政策不确定性增加时虽然会降低家庭风险资产的比重，但一些未参与过金融市场家庭会增加进入的概率。

表 4-6a　经济政策不确定性对家庭资产结构影响的异质性分析

变量名称	（1）	（2）	（3）	（4）	（5）	（6）
	金融资产					
	女性	男性	未婚	已婚	农村	城镇
经济政策不确定性	0.207***	0.187***	0.264***	0.185***	0.203***	0.165***
	（0.008）	（0.006）	（0.017）	（0.005）	（0.006）	（0.009）
_cons	−0.070*	0.070**	−0.091	0.005	0.039	0.004
	（0.041）	（0.034）	（0.075）	（0.029）	（0.043）	（0.047）
Observations	16449	24106	5080	35475	28036	12519
Pseudo R²	0.2064	0.2370	0.1755	0.2357	0.2271	0.1790

　　表 4-6a 至 4-6d 列出了经济政策不确定性对家庭资产配置影响的异质性分析。就金融资产来说，经济政策不确定性条件下，家庭更多的体现为预防性储蓄动机，储蓄性存款是中国家庭金融资产最重要的组成部分。通过对回归系数的比较不难发现，受访家庭成员为女性、未婚、农村家庭这种预防性储蓄动机更强，而经济政策不确定性虽然对受访家庭为男性、已婚、城镇家庭金融资产在家庭总资产比例提升作用较为显著，但相对于其他类型的家庭这种提升作用略小。

表 4-6b　经济政策不确定性对家庭资产结构影响的异质性分析

变量名称	（1）	（2）	（3）	（4）	（5）	（6）
	房屋资产					
	女性	男性	未婚	已婚	农村	城镇
经济政策不确定性	0.014	0.022***	−0.007	0.023***	0.027***	0.001
	（0.010）	（0.008）	（0.019）	（0.006）	（0.007）	（0.011）
_cons	−1.192***	−0.993***	−1.151***	−1.063***	−0.854***	−1.375***
	（0.056）	（0.050）	（0.099）	（0.042）	（0.068）	（0.059）
Observations	12547	18686	3937	27296	21192	10041
Pseudo R²	0.3599	0.3344	0.3571	0.3440	0.2624	0.4928

　　从房屋资产来看，当外界经济政策不确定性增加时，受访成员为男性、

已婚、农村家庭会显著提升房屋家庭资产在总资产中的比重。受访成员为男性及已婚家庭通常具有一定的理性判断及投资眼光，因此会增加房屋资产在总资产中的比重；以地域和年龄划分，农村家庭通常房屋价值较城镇家庭小，预防性储蓄动机更强，所以经济政策不确定性显著增加了农村家庭和中青年家庭房屋资产在家庭总资产中的份额，但对受访成员为女性、未婚、城镇特征家庭影响并不显著。

表 4-6c　经济政策不确定性对家庭资产结构影响的异质性分析

变量名称	（1）	（2）	（3）	（4）	（5）	（6）
	生产经营资产					
	女性	男性	未婚	已婚	农村	城镇
经济政策不确定性	0.022**	0.001	0.000	0.009*	0.007	0.019
	（0.009）	（0.006）	（0.018）	（0.005）	（0.005）	（0.018）
_cons	−0.666***	−0.406***	−0.785***	−0.469***	−0.535***	−0.652***
	（0.065）	（0.039）	（0.146）	（0.035）	（0.050）	（0.106）
Observations	12125	17913	3838	26200	20930	9108
Pseudo R^2	0.2227	0.2834	0.2477	0.2467	0.2289	0.1451

至于生产经营资产，从回归结果来看，生产经营资产随着经济政策不确定性的增加在受访成员为女性、已婚家庭中总资产的比重明显提高，在受访成员为男性、未婚家庭中均无显著变化。这可能使受访成员为女性、已婚及老年家庭的资产配置策略更为保守，在经济政策不确定性增加时，认为可以通过生产经营活动这种更加贴近"实业"的生产方式获得稳定的收入，因此会显著增加生产经营资产在总资产中的比重。

表 4-6d　经济政策不确定性对家庭资产结构影响的异质性分析

变量名称	（1）	（2）	（3）	（4）	（5）	（6）
	耐用消费品资产					
	女性	男性	未婚	已婚	农村	城镇
经济政策不确定性	−0.028***	−0.021***	−0.067***	−0.018***	−0.025***	−0.020***
	（0.005）	（0.004）	（0.010）	（0.003）	（0.003）	（0.006）
_cons	0.897***	0.695***	0.888***	0.769***	0.685***	1.030***
	（0.028）	（0.023）	（0.052）	（0.019）	（0.030）	（0.032）
Observations	12097	17894	3829	26162	20887	9104
Pseudo R^2	0.4671	0.2692	0.2632	0.2540	0.1618	0.2596

具体到耐用消费品资产，可以看到，经济政策不确定性对不同类型家庭耐用消费品在家庭总资产中的比例均具有显著的抑制作用。不同之处在于，经济政策不确定性对于受访成员为女性、未婚，农村家庭耐用消费品在总资产中比重的减弱作用更大。这可能是受访成员为女性、未婚家庭在日常生活中消费较多，而农村家庭受传统观念的影响，在经济政策不确定性增加时更懂得节制消费，因此耐用消费品资产在总资产中的比重下降更多。

第五节　稳健性检验

本文采用经济政策不确定指数的滞后期作为解释变量，这就在一定程度上避免了经济政策不确定性对家庭金融市场参与影响的估计可能存在的内生性问题；而且经济政策不确定性指数属于宏观变量，家庭的金融市场参与行为属于微观经济学活动，微观经济主体种类众多，单个家庭对宏观经济政策指数的影响可忽略不计。表 4-7 与表 4-8 分别列出了经济政策不确定性对家庭金融市场参与和家庭资产结构影响的稳健性检验。

表 4-7　经济政策不确定性对家庭金融市场参与影响的稳健性检验

解释变量	（1）	（2）	（3）	（4）
	Fin_par		Par_deg	
	Logit 模型	Logit 模型	OLS 模型	OLS 模型
EPU		−0.059		−0.031***
		（0.085）		（0.004）
_cons	−16.641***	−16.562***	−0.277***	−0.224***
	（0.434）	（0.449）	（0.014）	（0.015）
Pseudo R^2	0.302	0.302	0.112	0.114
Observations	40894	40894	27881	27881

此外，为检验模型及回归结果是否稳健，本文采用以下两方面进行检验。一是尝试剔除或增加某些控制变量，发现估计结果并未发生太大差别；二是考虑到被解释变量家庭是否参与金融市场为二值变量，因此可使用家庭 Logit 模型对之前设定的 Probit 模型进行回归验证；家庭参与金融市场深度及家庭资产结构为连续变量，所以可使用 OLS 模型对之前设定的 Tobit 模型及回归结果进行检验，也得到与原先相似的回归结果。使用同样的方法，本文对异质

性家庭的回归结果进行检验，与原先结果一致，从而证明本模型的稳定性及回归结果的可信度。

表 4–8　经济政策不确定性对家庭资产结构影响的稳健性检验

变量名称	（1）	（2）	（3）	（4）
	金融资产	房屋资产	生产经营资产	耐用消费品资产
经济政策不确定性	0.071***	0.018***	0.007***	−0.017***
	（0.004）	（0.006）	（0.002）	（0.003）
_cons	0.347***	−0.704***	0.018	0.789***
	（0.026）	（0.035）	（0.014）	（0.026）
Observations	40555	31233	30038	29991
Pseudo R^2	0.092	0.244	0.030	0.206

本章小结

经济政策是政府改善宏观经济环境、调节微观经济活动的重要工具，近年来关于宏观经济政策对微观个体影响的研究越来越多，且不断深入。而家庭不仅是社会生活的参与者，也是宏观经济运行的缩影及微观经济个体活动的重要代表。本文采用中国经济政策不确定指数（EPU）及北京大学CFPS2010–2016年家庭微观面板数据库，对经济政策不确定性对家庭资产配置的影响进行了研究。研究结果发现：经济政策不确定性增加降低了家庭参与金融市场的概率，家庭出于预防性动机会显著降低风险资产在家庭金融资产中的比重。进一步研究表明，男性居民较女性居民、未婚家庭较已婚家庭、城镇家庭较农村家庭的金融市场参与行为对其反应更为敏感，参与金融市场的可能性及金融参与深度呈现出更大程度的下降趋势。此外，经济政策不确定性能够显著增加家庭金融资产、房屋资产、生产经营资产在家庭总资产中的比重，而对于家庭耐用消费品资产而言经济政策不确定性对其具有显著的抑制作用。这不仅为研究家庭资产配置行为有所启示，也为政府、金融机构制定经济政策、提供金融服务提供了有益的参考。

第五章 家庭资产配置对居民幸福感的影响

第一节　问题的提出

追求幸福，是人类社会永恒不变的话题。在幸福经济学领域，自 Easterlin（1974）提出"幸福悖论"以来，学者们对于经济因素对居民幸福的影响就始终未曾间断。提及幸福，人们自然而然也会联想到经济状况是影响居民幸福的重要因素。幸福目前在国际社会中具有广泛的关注度，联合国于 2012 年起每年发布《全球幸福指数报告》，学者们更是不遗余力地开展关于幸福经济学的有关研究。近年来，随着中国社会民生问题被逐渐重视，关于居民幸福感的研究也逐渐丰富。党的十九大报告就提出，不忘初心，牢记使命，中国共产党人的初心和使命，就是为中国人民谋幸福，为中华民族谋复兴。虽然国际上对幸福研究较为广泛，但是在中国起步相对较晚，在中国一心搞建设，经济快速发展到一定阶段后，民生问题才受到更多重视。特别是本届政府提出的幸福目标和宗旨，吸引了更多学者对这一问题进行关注。那么，在中国快速发展中，包括住房市场的快速发展都带动居民家庭资产负债结构出现显著变化，在这一背景下想讨论两者机制作用关系是为动机和目标所在。

家庭在配置不同的资产获得收益的同时会遇到不同程度潜在的风险，这种风险不仅会影响居民的经济状况与资产结构，也会对居民主观情绪及心理产生影响。研究由居民家庭资产配置所产生的经济状况及主观情绪的变动对幸福的影响不仅有利于对居民的家庭资产配置行为提供借鉴与参考，提升居民的主观幸福感，也有利于社会合理调配资源，促进高效利用资产，使居民充分享有经济社会进步与财富管理水平提高所带来的益处。本文主要研究家庭资产配置对幸福感的影响，不仅在整体上要对家庭资产配置行为对幸福感的影响进行全面考察，而且要进一步将家庭资产配置进行结构化及细致化的分类，着重从家庭的资产与负债结构等微观经济因素探讨其对幸福感的影响，同时考虑以往研究中已考虑到的其他因素的影响。

以往的研究大多采用绝对值或相对值度量家庭经济因素的指标，为体现家庭资产配置的结构及比例，本文中我们分别采用家庭资产、负债与收入的比值作为度量资产配置的指标；为衡量中国家庭的金融素养及资金使用效率，我们选用杠杆倍数作为衡量家庭资产配置的一项指标。为避免模型估计可能存在的内生性问题，我们采用工具变量对原模型进行重新估计。此外，为探讨家庭资产配置对居民幸福感影响的内在机制，我们从两方面进行考虑：第一种机制是家庭资产配置可能会带来家庭收入或财富的增加或减少（李涛和陈斌开，2014），通常用来衡量居民效用水平的消费会随之变化进而影响个人幸福感；第二种机制是家庭资产配置可能会使居民主观心理产生变化，居民出于攀比心理会提高或降低个人的幸福感（田国强和杨立岩，2006；李江一等，2015）。

第二节　理论分析与研究假设

家庭资产不仅是居民生活的重要保障，也是家庭社会经济地位的重要象征。家庭资产主要通过两种形式存在，一种是能够在市场交易变现过程中为其持有者提供即期或远期的货币收入，主要有不动产、动产、金融资产等；另一种通过生产经营过程中的价值创造为其所有者带来利润，这部分资产主要是用于农业及工商业生产经营活动。个人消费通常受家庭资产总规模的约束，基于财富效应（Campbell&Cocco，2007；李涛和陈斌开，2014），家庭资产通过两方面影响消费：一方面财富水平的上升会促进家庭增加对商品和劳务的消费，提高个人消费水平；另一方面资产价格的上涨也使家庭增加了未来收入的预期，根据持久收入假说，未来预期的上涨也会提高家庭当期的消费水平。消费水平的上升意味着个人效用水平的提升，从而提升个人的主观感受即幸福感（Dutt，2006；Noll & Weick，2015；Wang et al.，2015）。另外，居民基于资产结构数量及结构改变，同样会因与周围人的攀比产生心理上的变化，当个人资产规模增长速度大于他人时，居民的幸福水平上升（田国强和杨立岩，2006；李江一等，2015）。基于以上分析，本文提出以下假设：

H1：家庭资产比重的上升会提高居民的幸福感。

负债对居民幸福感既有负向的影响，也有正向的影响。负债不仅会给居民带来一定的心理压力，对居民心理产生负向作用，居民因负债对自身金融资源产生压力（Tay et al.，2017），也因要偿还债务降低了家庭未来的收入约束，进而影响到未来的消费能力，降低了个人的效用水平，从而降低居民幸福感。然而，负债在一定程度上缓解了家庭当期的流动性约束，家庭可将借入的资金用于提高当期消费水平，使居民可以提前享有消费所带来的个人效用水平的提升，因此在一定程度上会提高居民幸福指数。居民由于负债引发的消费水平的改变，居民也会因负债水平的高低与周围人产生一定的对比，进而带动个人心理与效用水平的变化，进一步影响居民的幸福感。关于负债对居民幸福感所带来的正负向影响究竟孰大孰小，本文认为，鉴于中国家庭传统观念秉承"无债一身轻"的心理，所以负债所带来的负向影响可能会更大，因此做出如下假设：

H2：家庭负债比例的提高会降低居民的幸福感。

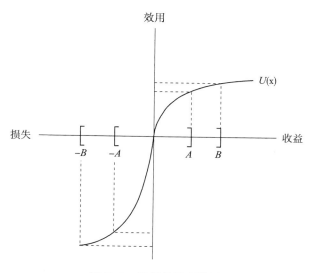

图 5-1　前景效用理论图

家庭的资产与负债情况在一定程度上反映家庭的收益与亏损情况。根据前景理论，当家庭获得收益的同时，即通常表现为家庭的资产规模为正时，家庭的效用水平往往大于零，表现为家庭的幸福感水平升高；而当家庭面临亏损时，即通常表现为家庭具有一定的负债规模时，家庭的效用水平往往小于零，表现为家庭的幸福感水平降低（Kahneman & Tversky，1979；蔡锐帆等，2016）。基于此，家庭的资产与负债对居民幸福感的影响分别具有促进和减弱功能，具有收益功能的资产对居民的幸福感具有一定的提升作用，具有亏损预期的资产对居民的幸福感则具有一定的抑制作用，而对于收益及亏损的判断则取决于家庭对于各项资产未来收益情况的判断，这也在一定程度上支持了前两个假设。在考虑家庭的资产与负债对居民幸福感的影响程度时，

通过观察不难发现，家庭资产的效用函数在参考点上下分别为向上向下两个方向的凸曲线，且同样规模收益曲线的斜率小于亏损曲线的斜率（丁际刚和兰肇华，2002；孔东民，2005）。图 5-1 描绘了前景理论的效用曲线，对同样规模的收益及亏损曲线的效用进行对比，得出 $U(B) > U(A)$，$|U(-B)| > |U(-A)|$，$|U(-A)| > |U(A)|$，即家庭的资产规模越大，幸福程度越高，负债规模越大，幸福程度越低；同样规模的家庭资产对于幸福的提升作用不及负债带来的减弱作用。由此做出以下假设：

H3：同样规模的家庭资产对于幸福的提升作用小于负债带来的减弱作用。

所谓杠杆，是指用少量的资金占有、控制大量的资产。在家庭资产配置中，杠杆主要用于购置房产，投资股票、期货等金融产品。合理的杠杆比例可以用较少资金为家庭带来较多的收入或资产升值，居民出于经济状况好转的预期自身的幸福感也会得到提升；而过高的杠杆通常伴随着一定的风险，可能会对家庭财富造成较大损失，与周围人相比居民因此可能会产生一定的心理压力，从而降低个人幸福感。有研究表明，居民家庭杠杆会增加家庭消费（Mian et al.，2013；潘敏和刘知琪，2018），但也有研究显示过高的家庭杠杆会抑制家庭支出（Cooper，2012；Dynan，2012；Dynan & Edelberg，2013）；由于消费对居民幸福感的影响是正的，因此家庭杠杆通过消费影响居民幸福感的效果是不确定的。与考察负债对居民幸福感的假设相似，考虑到研究对象为中国家庭，因衡量杠杆水平通常是家庭负债与家庭资产的比值，家庭利用杠杆进行的投资、消费等活动是以牺牲居民长期消费的约束资产为代价的；而且对于中国来说，大多数家庭对于房屋具有特殊的情结，房屋杠杆是中国家庭最大的杠杆，家庭在购买房屋后因按揭还贷也会出现节制消费现象，从而降低了自身的主观幸福感，因此家庭杠杆对居民幸福感的影响可能是负向的，从而提出以下假设：

H4：家庭杠杆会使居民的幸福感水平降低。

第三节　模型构建与数据说明

一、幸福的度量

心理学家倾向于用直接度量的方法来衡量主观福利，即以问答形式用序数选择的指标（如：1、2、3 等）来衡量福利水平即幸福等级，经济学领域也普遍接受用序数来测量个人的幸福水平。目前幸福经济学中对幸福较为流行的测量方法是进行大样本的问卷调查，在调查问卷中以序数的形式来表示个人的幸福水平。CFPS 中关于幸福感的问卷设计问题是"您觉得自己有多幸福？"其中"1"表示非常不幸，"5"表示非常幸福，用数字 1–5 五个序数表示幸福满意度从低依次递增。根据原数据库的设置，本文中关于幸福感的测度为家庭主要成员的主观幸福感水平。

二、模型构建

有序离散选择模型（Ordered Probit 模型）通常用于因变量有限且为自然排序的实证研究。因被解释变量幸福感是序数离散型结构，且为 5 级有限个序数，参照以往文献中的研究方法及成果，本文采用 Ordered Probit 模型对所要研究的对象进行解释。模型可设定为：

$$y_{it} = \alpha_0 + \alpha_1 X_{it} + \alpha_2 Z_{it} + \beta pro_{it} + \varepsilon_{it}$$

其中，下标 i，t 分别表示个体与时间维度。y_{it} 表示某个家庭成员的主观幸福感，用 1–5 五个级别数字表示；X_{it} 表示有关居民的家庭资产配置的各种解释变量；Z_{it} 表示第 i 个人的个人特征变量；为避免地区差异对估计结果可能带来的偏差，本文将原样本按省份划分进行固定效应估计，用 pro_{it} 进行表示；ε_{it} 表示其他各种随机扰动项。

"忽视变量"理论认为，除个人收入因素之外，非收入因素如性别、年龄、婚姻、教育、健康等也会对个人的幸福感有较大影响，忽视这些因素，会引发一些内生性问题，从而对收入的估计产生偏误。特别是近些年关于行为经济学的一些理论研究成果表明，个体的经济行为并非完全出于理性，会受到多种因素的影响，个体的主观感受也受到多方面因素的影响（Thaler，2016）。在研究幸福感的影响因素中，除了研究收入因素之外，还应重视非收入因素对幸福的影响效果。因本文主要研究家庭资产配置对居民幸福感的影响，因此将与非收入因素有关的个体特征作为控制变量，将与收入因素有关的资产配置因素作为解释变量对居民的幸福感进行研究。

三、数据说明

为研究中国家庭资产与负债结构对幸福感的影响，我们采用北京大学中国社会科学调查中心实施的中国家庭追踪调查（China Family Panel Studies，CFPS）项目 2010、2012、2014、2016 年数据。[①] 由于本文主要研究家庭资产配置的有关问题，因此将原数据库有关的变量进行筛选，将样本中家庭主要成员的个人数据与家庭数据进行合并，根据需要剔除部分异常值与缺失值，最终得到上述 4 年 54961 份家庭样本成员的面板数据进行研究。为充分保证研究结果的可靠性及可信度，我们同时使用中国 CHFS 数据库与 CHIP 数据库进行对比研究。

结合以往文献研究情况，根据研究对象及数据的可得性，本文选取以下控制变量进行研究。具体包括性别、年龄、婚姻、户口类型、政治面貌、受教育程度、健康状况、工作情况、社会参保情况等因素。具体变量说明见表5-1。

表 5-1　主要变量说明

变量符号	变量名称	变量说明
Hap	幸福感	居民对生活的满意程度，数值由 1-5 依次递增
Gen	性别	男性 =1；女性 =0
Age	年龄	调查当年的年龄，以整岁计算
Age_sq	年龄平方	年龄 * 年龄 /100
Mar	婚姻	已婚（在婚）=1；其他 =0
Edu	教育	居民的受教育年限，以整年计算
Pol	政治面貌	党员 =1；非党员 =0
Heal	健康	居民对自身健康评价，数值由 1-5 依次递增
Reg_re	户口类型	居民的户口类型，城镇 =1；农村 =0
Wor	工作	居民是否有固定工作，有 =1；否 =0
Med	医保	居民是否缴纳医保，是 =1；否 =0
Ass	家庭资产	家庭总资产 / 家庭当年总收入
Deb	家庭负债	家庭负债总额 / 家庭当年总收入
Lev	家庭杠杆	家庭负债总额 / 家庭总资产

---

① CFPS 因为近几年新调查面板数据，连续性较好，因此本章采用此数据库作为基准估计。

对于家庭资产配置的有关变量，本文采用资产、负债、杠杆等三个指标进行衡量。其中家庭资产包括金融资产、房产、土地、耐用消费品、生产性固定资产等资产形式。家庭负债包括房屋负债及其他家庭生活所欠债务。因家庭资产配置受可支配收入的影响和约束，为体现家庭资产配置的比重，本文将上述变量分别除以可支配收入得到资产与负债的相对比值。此外，我们采用资产负债率（家庭总负债／家庭总资产）衡量家庭的杠杆水平。为避免少数异常值对总体回归结果的影响，本文对资产配置有关变量进行了 1% 的缩尾处理。

四、变量的描述性统计

根据模型的设定及变量的选取，表 5-2 列出了 CFPS 各变量的描述性统计分析结果。样本期内除家庭资产配置外的有关变量外，其余变量设置与第四章实证部分较为类似，在此不再进行描述性统计分析。

表 5-2 CFPS 变量的描述性统计分析

变量符号	样本数量	均值	标准差	最小值	最大值
Hap	47055	3.624	1.076	1	5
Gen	48678	0.595	0.491	0	1
Age	48808	51.036	14.079	16	110
Age_sq	48808	28.029	14.793	2.56	121
Mar	54961	0.770	0.421	0	1
Edu	47268	7.043	4.716	0	22
Pol	50529	0.114	0.318	0	1
Heal	48800	3.156	1.313	1	5
Reg_re	47946	0.302	0.459	0	1
Wor	47492	0.618	0.486	0	1
Med	54750	0.914	0.281	0	1
Ass	48079	20.616	55.573	0	437.708
Deb	49107	0.794	3.376	0	30.233
Lev	52242	0.092	0.316	0	2.296

样本中家庭资产、负债、杠杆等关于资产配置的有关变量的比值反映了家庭中各种资产配置的结构和数量。可以看出，中国家庭资产与当年可支配

收入的比值均值为 20.616，即家庭资产规模大致相当于家庭 20 年收入的总和。家庭负债总额与当年家庭总收入的比值均值为 0.794，即家庭负债规模大致相当于当年收入的 80% 左右，略小于当年家庭总收入。样本中家庭的资产负债率即杠杆水平大约为 9.2%。

第四节　实证结果及分析

本文主要采用家庭资产、家庭负债、家庭杠杆作为资产配置的主要解释变量；为进一步分析上述因素的具体种类对居民主观幸福感的影响，我们将其进一步细化进行研究，得到的回归结果分别见表 5-3 及表 5-4。表 5-3 报告了家庭资产配置 Ordered Probit 模型估计的结果，其中回归式（1）显示了个体特征的控制变量在未加入家庭资产配置因素时对居民幸福感的影响。回归式（2）至（4）分别为单独加入资产、负债、杠杆后的回归结果。因家庭资产配置同时包含了资产与负债因素，为避免遗漏变量对家庭资产或负债产生的偏误，因此在回归式（5）中将上述两个变量同时加入模型进行系数估计，而家庭杠杆变量因已包含家庭资产与负债这两种因素，因此在回归式（4）中可单独考虑。

表 5-3　CFPS 家庭资产配置对居民幸福感影响的模型回归结果

解释变量	（1）	（2）	（3）	（4）	（5）
Ass		0.0001			0.0002**
		（0.0001）			（0.0001）
Deb			−0.003		−0.004**
			（0.002）		（0.002）
Lev				−0.081***	
				（0.018）	
Gen	−0.100***	−0.102***	−0.103***	−0.101***	−0.102***
	（0.011）	（0.012）	（0.012）	（0.011）	（0.012）
Age	−0.025***	−0.024***	−0.024***	−0.024***	−0.024***
	（0.003）	（0.003）	（0.003）	（0.003）	（0.003）
Age_sq	0.037***	0.037***	0.037***	0.036***	0.037***
	（0.002）	（0.003）	（0.003）	（0.003）	（0.003）

解释变量	（1）	（2）	（3）	（4）	（5）
Mar	0.315***	0.300***	0.297***	0.319***	0.301***
	（0.017）	（0.018）	（0.018）	（0.017）	（0.018）
Edu	0.007***	0.006***	0.006***	0.007***	0.006***
	（0.001）	（0.001）	（0.001）	（0.001）	（0.001）
Pol	0.203***	0.208***	0.212***	0.202***	0.209***
	（0.018）	（0.019）	（0.019）	（0.018）	（0.019）
Heal	0.198***	0.203***	0.203***	0.196***	0.202***
	（0.004）	（0.005）	（0.005）	（0.004）	（0.005）
Reg_re	0.049***	0.048***	0.049***	0.049***	0.048***
	（0.013）	（0.014）	（0.014）	（0.013）	（0.014）
Wor	0.063***	0.059***	0.059***	0.067***	0.060***
	（0.012）	（0.013）	（0.013）	（0.012）	（0.013）
Med	0.112***	0.119***	0.115***	0.117***	0.119***
	（0.018）	（0.020）	（0.019）	（0.019）	（0.020）
省份固定效应	有	有	有	有	有
Obs	44902	39810	40592	43368	39810
Pseudo R^2	0.0340	0.0338	0.0339	0.0341	0.0339

注：括号内为标准误差，"***""**""*"分别表示在 1%、5%、10% 的显著水平。

一、家庭资产结构与居民幸福感

家庭资产是家庭财富与社会地位的重要象征。为验证假设 1，在表 5-3 回归式（2）中，我们加入家庭资产与家庭当年收入的比值进行研究，结果显示其对居民的幸福感的影响虽然为正，但并不显著；而在回归式（5）中加入负债的因素后，家庭资产其对居民的幸福感有显著的促进作用，这可能与遗漏负债变量因素有关。根据上文分析，我们认为回归式（5）的回归结果更具参考价值。家庭资产的规模和数量不仅是家庭物质生活及各项支出的保障，既可以为居民创造必备的生存条件，满足居民的日常所需，也可以为家庭参与社会投资提供资金来源，满足家庭资产保值增值的需求，所以相对于家庭收入来说能够提高居民的主观幸福感。因本文以家庭资产与家庭收入的比值作为衡量家庭资产结构的指标，相对于家庭收入来说，家庭资产规模及数量通常较大，而且较于收入家庭资产变现能力较差，流动性较弱，因此相对于收入其对居民幸福感的影响系数较小，这也与已有的研究基本吻合（Knight et al.，2009；Huang et al.，2016）。为进一步识别家庭各项资产结构对居民幸福感的影响，在表 5-4a 中，根据原数据库的划分，我们又将家庭资产细分为房屋资产、土地资产、耐用消费品资产、金融资产、生产经营资产等种类，分别以其与家庭当年收入比值解释各自对居民主观幸福感的影响。①

表 5-4a　家庭资产结构与居民幸福感

解释变量	（1）	（2）	（3）
	CFPS	CHFS	CHIP
房屋资产	0.0002	0.0003*	
	（0.0002）	（0.0001）	
土地资产	−0.009***	−0.002***	
	（0.002）	（0.001）	
耐用消费品资产	0.008***	0.006***	0.146***
	（0.002）	（0.002）	（0.020）
金融资产	0.003	0.002*	0.035***
	（0.002）	（0.001）	（0.012）
生产经营资产	0.006***	0.027***	0.014
	（0.003）	（0.003）	（0.016）
负债	−0.007***	−0.018***	−0.046***
	（0.002）	（0.001）	（0.017）
控制变量	控制	控制	控制
省份固定效应	有	有	有
Obs	29646	63775	8147
Pseudo R^2	0.0342	0.0434	0.0554

注：本表注释内容与表 5-3 相同；个体特性变量回归结果限于篇幅未列出。

房产和土地资产同属于不动产。回归结果显示，与家庭可支配收入相比，土地资产会显著降低居民的幸福感，而房产对居民幸福感的影响不太显

---

① 受中国房地场市场发展的影响，房屋对于中国家庭来说既具有居住属性，又具有资产属性。

著。在中国，土地大部分为国有，用于开发房地产等溢价较高的土地通常为国家所有，而个人所有的土地为使用权，通常用于从事农业等经济产出水平较低的生产经营活动。农业生产活动由于其特殊性受环境、气候影响作用较大，收益并不稳定，且占用了家庭较多的可支配收入资源，不具有较好的流动性，因此其对居民的幸福感有显著的抑制作用。房产在中国家庭资产中占有相当大的比重，房屋产权对居民幸福感有显著的促进作用（Dietz & Haurin；Bucchianeri，2009）。受益于城镇化进程及房地产市场的发展，中国家庭原有或购置房屋家庭因房产价格的上涨推动了家庭资产规模的扩大，居民也会因拥有住房满足了自身心理的"稳定"需求，因此其对居民幸福感具有提升作用；但相对于家庭收入来说，房屋占用了家庭大量的资金，不能随时用来购置生活物品，削弱了消费给居民带来的效用水平，因此其比值对居民幸福感的影响并不显著。①

耐用消费品通常具有较长的使用寿命，为家庭生活带来了舒适的体验，是居民消费的直接产物，满足了家庭的效用水平；同时也是家庭社会财富的象征，具有一定的流动性，与不动产相比占用资金较小，因此对居民的幸福感具有显著的促进作用。从某种意义上来说，耐用消费品资产体现了家庭的消费水平，而家庭消费则会提高居民幸福感水平（Dutt，2006；Noll & Weick，2015；Wang et al.，2015）。汽车、家具家电、高档服装等不仅为居民的生活提供了便利，增加居民的幸福生活体验，居民出于攀比的心理也会因拥有更好的生活用品获得心理上的满足感。中国结婚"三大件"的演变过程便是这一理论较好的体现。②收藏品及工艺品、黄金珠宝等不仅可以转化为资产，而且也是资产保值增值的重要选择。因此，相对于家庭收入来说，耐用消费品能显著提高居民的主观幸福感，因它更多的以实物的形式呈现于居民之前，从某种意义上来说也是居民消费的最终体现，会比金融资产以更加直观的效用水平影响个人的主观心理，而且通常资金占用量不大，所以对居民幸福感影响的回归系数较金融资产和房产更大。

金融资产是中国家庭传统社会财富最重要的组成部分，也是银行等金融

---

① CFPS、CHFS、CHIP因样本的选择及变量的设置存在一定的差异，因此回归结果有所不同。

② 随着经济社会的进步与文化的变迁，不同时期中国结婚三大件有所不同。20世纪70年代为手表、自行车、缝纫机；80年代为冰箱、彩电、洗衣机；90年代为空调、电脑、录像机；现如今已演变为房子、车子、票子。

机构重要的资金来源。受传统文化养成及观念延续的影响，中国家庭大多有储蓄的习惯。中国家庭金融资产中储蓄占据了最大的比重①，被学术界称为"中国储蓄率之谜"（Modigliani & Cao，2004）。家庭金融资产具有较强的流动性及变现能力，符合中国家庭观念"落袋为安"的资产属性及特质，因此可以较好的对居民的幸福感进行解释。回归结果表明，较于可支配收入来说金融资产对居民的幸福感有显著的正向作用。生产经营资产通常为家庭投资经营实体经济的重要组成部分。生产经营资产是家庭参与农业生产、商业经营、获取收益、实现资产增殖的重要途径。家庭参与社会生产经营活动，在生产经营良好的情况下通常会带来稳定的长期收益，因此会提升居民的主观幸福感。金融资产与生产经营资产分别在不同程度上代表了家庭储蓄及参与实体投资的水平，因此也可理解为家庭的储蓄与投资实体经济行为显著提高了居民的幸福感水平。

二、家庭负债结构与居民幸福感

为验证前文假设 2，在表 5-3 回归式（3）中，我们将家庭负债这一变量考虑进来，结果显示其对居民幸福感虽然为负，但同样并不显著；而在回归式（5）中，家庭负债与收入的比值显著降低了居民的幸福感水平，与研究家庭资产对主观幸福感的分析相似，本文同样认为这一结果比回归式（3）更为合理。从回归结果可以得出，相对于家庭收入家庭负债对居民的幸福感有显著的负向影响，从而对假设 3 进行了验证。Tay et al.（2017）对家庭负债对幸福感的影响结果显示，家庭负债对居民的幸福感有负向作用。而本文是以家庭负债与可支配收入的比值进行回归，得到的结果为家庭负债比重的上升会降低居民的主观幸福感，与之前的研究结论基本一致。负债一方面隐形地减少了家庭的资产与可支配收入，降低了日常生活消费水平，减弱了居民的效用水平，另一方面对居民造成了一定的无形心理压力，因此对居民的幸福感具有负向影响。

---

① 相关数据可查阅本文第三章家庭资产配置分析。

表 5–4b　家庭负债结构与居民幸福感

解释变量	（1）	（2）	（3）
	CFPS	CHFS	CHIP
房屋负债	0.0002	–0.011***	–0.011
	（0.004）	（0.003）	（0.022）
其他生活负债	–0.024***	–0.062***	–0.188***
	（0.005）	（0.005）	（0.044）
汽车负债		0.181**	
		（0.072）	
资产	0.0003***	0.0002***	0.051***
	（0.0001）	（0.0001）	（0.007）
控制变量	控制	控制	控制
省份固定效应	有	有	有
Obs	34708	64991	8067
Pseudo R^2	0.0361	0.0435	0.0548

注：本表注释内容与表 5–3 相同；个体特性变量回归结果限于篇幅未列出。

为解释家庭具体负债种类对居民主观幸福感影响的差异，与之前研究家庭资产配置的方法一样，我们将负债的有关变量进行分类，与家庭可支配收入的比值分别进行回归，得到家庭负债对居民幸福感影响的模型回归结果，回归结果见表 5–4b。依照原数据库分类方法，将家庭负债分为房屋负债、汽车负债、其他负债等。近年来，中国城镇房价涨幅程度及增长速度较快，大部分购房者尤其是一线城市刚需家庭承受较大的房贷压力。有研究表明，房屋的产权及负债对中国居民幸福的密切相关（Bucchianeri，2009；Cheng et al，2016）。房屋贷款虽然会给居民带来一定的经济压力，但也为居民获得住房提供了渠道与保障，会使居民主观上享有"住有所居"的心理。现有的"按揭"买房制度可以延长居民的还款期限，一定程度上减少居民心理负担，且房价上涨引起的财富增值有助于提升幸福感；但购房负债金额尤其是城镇商品住房通常较大。从回归结果可以看出，CFPS 与 CHIP 数据库显示相对于家庭收入来说，房屋负债对居民幸福感的影响并不显著；而 CHFS 数据库表明相对于收入住房对居民幸福感有显著的抑制作用。这是由于 CHFS 数据库城镇家庭所占比例较高，通常城镇家庭住房价值更高，由此带来房屋负债对居民还款的压力更大，因此房屋负债明显降低了居民的主观幸福感。而 CFPS 与 CHIP 数据库以农村样本居多，农村家庭房屋往往价值较低，家庭承受的还款压力较小，所以相对于家庭收入房屋负债对居民幸福感的影响并不明显。

相对于房屋来说，家庭其他生活债务占用家庭资金较少，居民除居住房屋外的其他债务往往是用于日常生活所需及应对各种不时之需。这些生活负债虽然缓解了居民当期的资金困难，给居民带来了一定的效用水平，但这种负债是以牺牲未来的收入和消费为代价的；此外，居民在日常生活中往往会不自觉地与周围家庭进行比较，与周围家庭相比家庭面临负债时往往具有一定的心理落差，因此生活负债会显著降低居民的主观幸福感，其影响也较房屋贷款大。如前文所述，汽车等耐用消费品具有使用特性，提高了居民的生活水平及感知体验，满足了居民的效用，作为动产占用家庭资金的规模远远不及房屋的比重，由此不难理解相对于家庭收入来说，其对居民幸福感有显著提升作用。

三、家庭杠杆水平与居民幸福感

借鉴 Dynan（2012）、Dynan & Edelberg（2013）的做法，我们采用资产负债率（即家庭负债总额 / 家庭总资产）作为衡量家庭杠杆水平的指标。家庭负债短期内受家庭收入的影响，但长期来说受家庭总资产的制约。从表 5-2 家庭负债率的描述性统计中可以看到，与家庭总资产相比，CFPS 与 CHFS 数据库显示中国家庭负债的比例大概为 9.2% 与 8.6%，而 CHIP 中由于总资产不包含房产，因此显示杠杆率较大为 28.1%。为研究家庭杠杆水平对居民幸福感的影响，在表 5-3 的第（4）中加入这一变量。从回归的结果来看，家庭资产负债率能显著降低居民的主观幸福感，且其带来的负向影响远远大于家庭负债与家庭收入的比值。这是由于家庭资产是家庭多年甚至是世世代代积累的结果，而家庭收入仅为家庭短时间内的资产来源。相对于资产来说，负债水平比例的升高大大影响了家庭的经济状况，由此造成的负向作用与短期收入相比影响更大，作用时间更长，所以家庭杠杆水平对居民的主观幸福感的抑制作用更为明显。

与研究家庭负债结构的方法相似，按家庭杠杆种类我们将家庭不同的负债分别与家庭总资产相除，得到家庭房屋、汽车、其他债务等的杠杆水平，得到的回归结果由表 5-4c。可以看出，家庭杠杆水平对居民幸福感的影响与家庭负债结构的作用基本一致，因上文已对其进行解释，在此不再赘述。不同之处在于家庭杠杆对居民幸福感的影响系数更大，这也是由于家庭资产相较于家庭收入更能体现家庭的财富规模及水平，因此家庭资产负债率对幸福影响的回归系数较大。

表 5-4c 家庭资产杠杆与居民幸福感

解释变量	（1）	（2）	（3）
	CFPS	CHFS	CHIP
房屋杠杆	0.028	−0.306***	−0.010
	（0.034）	（0.043）	（0.018）
其他生活杠杆	−0.205***	−0.382***	−0.167***
	（0.027）	（0.026）	（0.029）
汽车杠杆		1.400**	
		（0.656）	
控制变量	控制	控制	控制
省份固定效应	有	有	有
Obs	38282	67177	8062
Pseudo R^2	0.0360	0.0441	0.0530

注：本表注释内容与表 5-3 相同；个体特性变量回归结果限于篇幅未列出。

四、个体特征与居民幸福感

通过对非收入因素即个体特征对居民幸福感影响的回归，得到了与以往研究相一致的结果（Stone et al，2010；Ashkanasy，2012；Mackerron，2012；Asadullah et al，2018）。具体来说，女性对幸福感的评价通常较男性高，因此性别的影响系数为负数；女性更易排解压力，且社会责任与生存压力较小，所以更容易得到满足。年龄对幸福感的影响呈 U 型曲线。通常年轻人目标远大，具有奋斗的动力，老年人生活安逸，对生活标准没有较高的要求，因此更易体会到幸福；中年人面临着生活及工作压力的双重压力，所以往往较老幼群体幸福感较低，因此年龄对幸福感的影响系数为正，而其平方项为负。已婚居民具有一定的心理稳定感，因此往往幸福感较高。在中国，党员通常代表着高素质群体，工作及收入较为稳定，因此幸福感系数为正。教育年限越长，居民的文化修养及个人发展通常更好，对幸福的影响显然也为正。城镇居民普遍比农村居民生活条件较好，又有更多的社会保障，因此幸福感较高。此外，居民个人的健康状况向好、拥有固定工作、参加医疗保险等意味着个人通常具有更好的健康及生活保障，因此这些因素对个人主观幸福感具有显著的促进作用。

五、家庭资产配置与居民幸福感异质性分析

因居民的个体特征、特质与居住地区存在差异，为研究不同居民的资产配置对个人幸福感的影响，我们分别按性别、婚姻、户口类型、年龄等将居民进行分组，对家庭资产配置对居民幸福感的影响进行异质性分析。因中国社会存在典型的城乡二元结构，因此按户口类型将样本划分农村家庭与城镇家庭，得到不同组的回归结果如表5-5所示。

表5-5a　家庭资产配置对居民幸福感影响的异质性分析

解释变量	（1）	（2）	（3）	（4）
	女性		男性	
Ass	0.0002		0.0003*	
	（0.0002）		（0.0001）	
Deb	−0.006**		−0.002	
	（0.003）		（0.002）	
Lev		−0.128***		−0.048**
		（0.029）		（0.023）
控制变量	控制	控制	控制	控制
省份固定效应	有	有	有	有
Obs	16216	17545	23594	25823
Pseudo R^2	0.0323	0.0327	0.0366	0.0366

注：本表注释内容与表5-3相同；个体特性变量回归结果限于篇幅未列出。

可以看出，相对于家庭收入来说，男性居民较女性其家庭资产对个体幸福感的促进作用更为明显，负债对其幸福感降低的影响不及女性居民，家庭杠杆水平与负债结果相似对女性居民的幸福感的抑制作用大于男性居民。中国家庭大多以男性为家庭户主，男性往往承担较大的经济、生活压力和家庭、

社会责任，因此相对于家庭收入来说，家庭资产对男性居民的幸福感促进作用更大。通常来说，男性居民的资产配置行为更为理性，当家庭选择负债行为时，男性居民的心理承受能力更强，资金使用更为合理；而且男性往往比女性更加偏好风险，女性更多的注重生活的稳定，所以相对于女性居民来说，家庭负债与收入的比值对女性居民幸福感的抑制作用更强，而家庭杠杆水平也会更为显著的降低了女性居民的幸福感。

表 5–5b　家庭资产配置对居民幸福感影响的异质性分析

解释变量	（1）	（2）	（3）	（4）
	未婚		已婚 □	
Ass	−0.0003		0.0003***	
	（0.0003）		（0.0001）	
Deb	−0.005		−0.004**	
	（0.006）		（0.002）	
Lev		−0.069		−0.084***
		（0.063）		（0.012）
控制变量	控制	控制	控制	控制
省份固定效应	有	有	有	有
Obs	4800	5407	35010	37961
Pseudo R^2	0.0495	0.0479	0.0308	0.0309

注：本表注释内容与表 5–3 相同；个体特性变量回归结果限于篇幅未列出。

在婚姻层面，已婚家庭相对于未婚家庭来说支出项目更多，开销更大，家庭资产可以带来更高的安全感，因此相对于家庭收入来说家庭资产对其有显著的促进作用；而未婚家庭相对来说花销较小，且更多的关注于收入，过多的资产会牺牲一部分流动性，降低其消费与生活水平，所以家庭资产与收入的比值对其幸福感的作用不太明显。就负债而言，已婚家庭偿债能力及抗风险能力更强，因此相对于收入家庭负债对其幸福感的减弱小于未婚家庭。具体到杠杆水平，未婚家庭大多处于"一人吃饱，全家不饿"的状态，家庭资金杠杆在一定程度上带来了还款的心理压力，但一些项目的负债如使用信用卡消费也可以提升未婚居民的幸福感水平，所以杠杆水平对其幸福感的影响不太显著；已婚家庭大多追求生活的稳定，相对于家庭资产而言负债对家庭带来的负向心理冲击更大，因此能够显著降低居民的主观幸福感。

表 5-5c 家庭资产配置对居民幸福感影响的异质性分析

解释变量	（1）	（2）	（3）	（4）
	农村		城镇 □	
Ass	0.0002*		0.0001	
	（0.0001）		（0.0002）	
Deb	−0.003		−0.007*	
	（0.002）		（0.004）	
Lev		−0.063***		−0.157***
		（0.021）		（0.038）
控制变量	控制	控制	控制	控制
省份固定效应	有	有	有	有
Obs	27348	30050	12462	13318
Pseudo R^2	0.0293	0.0293	0.0469	0.0480

注：本表注释内容与表 5-3 相同；个体特性变量回归结果限于篇幅未列出。

通过对样本进行城乡分组的回归表明，相对于收入家庭资产对农村居民的幸福感提升作用更大，负债对城镇居民幸福感的减弱作用更大，城镇居民的杠杆水平也会显著降低居民的主观幸福感，且这种作用大于农村家庭。一般来说，农村家庭财富往往普遍比城镇家庭财富更少，因而资产数量的增加对其幸福感提升的边际影响更大。而城镇家庭普遍生活水平较高与周围家庭的攀比心理更强，当家庭面临负债时更是会对居民的主观心理产生较大影响，因此无论是负债收入比还是资金杠杆对城镇居民幸福感的抑制作用影响更为明显。

表 5-5d 家庭资产配置对居民幸福感影响的异质性分析

解释变量	（1）	（2）	（3）	（4）	（5）	（6）
	青年		中年 □		老年	
Ass	0.0001		0.0003*		0.0003	
	（0.0002）		（0.0002）		（0.0002）	
Deb	−0.002		−0.004		−0.005	
	（0.003）		（0.003）		（0.004）	

续表

解释变量	（1）	（2）	（3）	（4）	（5）	（6）
	青年		中年　□		老年	
Lev		−0.072**		−0.112***		−0.018
		（0.030）		（0.028）		（0.044）
控制变量	控制	控制	控制	控制	控制	控制
省份固定效应	有	有	有	有	有	有
Obs	13336	14343	15371	16540	11103	12485
Pseudo R^2	0.0357	0.0363	0.0340	0.0349	0.0335	0.0321

注：本表注释内容与表5-3相同；个体特性变量回归结果限于篇幅未列出。

根据联合国卫生组织的划分，本文将原有样本按年龄划分为青年、中年、老年人群，其中青年人群年龄≤44周岁，45周岁≤中年人群年龄≤59周岁，老年人群年龄≥60周岁。从回归结果来看，中年家庭无论是从资产还是负债规模来说对幸福的影响作用更大，且较为显著；中年家庭处于"上有老，下有小"的生活状态，既要赡养老人，又需要照顾子女，因此生活及经济压力相对较大，幸福感对资产及负债规模变动的依赖性更强。青年人通常家庭积蓄不及中老年人群，因此家庭杠杆水平对其幸福感具有显著的抑制作用；而老年人对于物质生活及财富通常要求较低，因此无论是家庭资产与负债还是杠杆水平对其幸福感的影响都不明显。

第五节　机制性分析及稳健性检验

一、家庭资产配置影响幸福感的潜在机制

最后，我们试图考察家庭资产配置对幸福感影响的潜在机制。已有的文献及理论发现个人消费和"攀比效应"都能够显著提高居民的幸福感（Easterlin，1995；Dutt，2006；Noll & Weick，2015；Wang et al.，2015）。结合前文理论假设及回归结果，我们分别将家庭消费水平、个人的"攀比效应"设置为中介变量，从这两种渠道来探寻家庭资产配置如何影响居民个人的幸福感。

表 5-6a 家庭资产配置对居民幸福感影响机制分析

变量名称	（1）	（2）	（3）	（4）
	幸福			
资产	0.0002**		0.0003**	
	（0.0001）		（0.0001）	
负债	−0.004**		−0.008***	
	（0.002）		（0.002）	
杠杆		−0.081***		−0.116***
		（0.018）		（0.019）
消费			0.073***	0.075***
			（0.007）	（0.007）
攀比			0.338***	0.331***
			（0.007）	（0.007）
控制变量	控制	控制	控制	控制
省份固定效应	有	有	有	有
Obs	39810	43368	37261	40175
Pseudo R²	0.0339	0.0341	0.0681	0.0669

注：本表注释内容与表 5-3 相同；个体特性变量回归结果限于篇幅未列出。

如前文所述，消费通过满足个人效用水平影响个人的幸福感。考虑到家庭资产配置以家庭资产比重、家庭负债比例以及家庭杠杆水平等因素影响个人的幸福水平，我们以 CFPS 中家庭消费的绝对值取对数作为衡量个人消费水平大小的变量，同时以相关的问卷设计数据作为衡量家庭攀比效应的变量加入模型。CFPS 数据库中有一项问题，"您在本地区的社会地位？"由 1-5 分别表示由"很低"到"很高"水平递增。因为家庭是社会生活的产物，居民在日常生活中会不自觉的与周围人进行比较，家庭的攀比效应包括收入、生活水平、社会地位等多方面。① 根据中介变量的设置，可得到估计结果见表 5-6a 和表 5-6b。

由于被解释变量幸福是序数的形式，因此在此同样采用 Ordered Probit 模

---

① 原问卷中除上述提到的社会地位之外，再无其他与攀比效应有关的变量，而且家庭的社会地位与自身收入水平、生活水平等存在较大的关联，因此选择此项问卷设计问题回答分值作为衡量家庭攀比效应水平的变量。

型进行回归。从表 5-6a 的回归结果可以看出，在控制了其他变量和省级固定效应之后，家庭无论是出于消费水平的增加还是攀比效应均可以显著提升居民的主观幸福感。其中第（1）列和第（2）列分别为家庭资产和负债、杠杆水平加入消费变量和攀比变量前的回归结果。第（3）列为家庭资产和负债变量同时加入上述两个中介变量后的回归结果，而第（4）列则为家庭杠杆变量加入中介变量后的回归结果。通过对家庭资产、负债和杠杆对幸福影响回归系数的观察不难发现，在加入中介变量后，上述变量对居民幸福感水平的影响系数符号不变，且仍处于显著水平，但回归系数出现不同程度的变化，其绝对值都变大。这一方面验证了前文的研究结论，增加了回归结果的可信度；另一方面也验证了第二节中家庭消费水平与攀比效应这两种中介变量可能会对居民幸福感影响效果的假设。

表 5-6b 家庭资产配置对居民幸福感影响机制分析

变量名称	（1）	（2）	（3）	（4）
	消费	消费	攀比	攀比
资产	−0.0002**		0.0001	
	（0.0001）		（0.0001）	
负债	0.030***		0.005***	
	（0.002）		（0.002）	
杠杆		0.300***		0.007
		（0.015）		（0.018）
常数项	10.583***	10.589***		
	（0.072）	（0.070）		
控制变量	控制	控制	控制	控制
省份固定效应	有	有	有	有
Obs	37686	40620	39655	43194
Pseudo R^2	0.2347	0.2457	0.0256	0.0248

注：本表注释内容与表 5-3 相同；个体特性变量回归结果限于篇幅未列出。

表 5-6b 讨论了家庭资产、负债及杠杆对于家庭消费水平及攀比效应等中介变量的影响。由于被解释变量家庭消费水平与攀比效应分别为一般数值和序数，因此分别采用 OLS 模型和 Ordered Probit 模型进行估计。其中第（1）列和第（3）列分别描述了家庭资产和负债对于家庭消费水平和攀比效应的影

响，第（2）列和第（4）列分别描述了家庭杠杆对于家庭消费水平和攀比效应的影响。从显著性水平来看，家庭资产、负债与杠杆均可通过消费途径的中介效应影响居民的主观幸福感，但仅负债可通过攀比效应的中介效应显著影响居民的主观幸福感水平。

从回归结果来看，家庭资产与收入的比值对家庭的消费水平具有一定的抑制作用，家庭负债收入比和家庭杠杆水平反而能够显著的提升家庭的消费水平，这样的结果与第三章的研究假设中的分析存在一定的出入，但也具有合理性。一方面，家庭资产收入比的上升意味着家庭资产规模相对收入规模的扩大，更多的收入转化为家庭资产，家庭的流动性水平有所下降，可用于自由支配的收入比例降低，从而使得家庭消费水平下降。另一方面，家庭负债收入比或杠杆水平的升高使得家庭的流动性水平有所提高，负债在一定程度上缓解了家庭当期的流动性约束，家庭可将借入的资金用于提高当期消费水平，家庭一定程度的杠杆水平也会增加家庭消费（Mian et al.，2013），因此对家庭的消费水平影响为正。负债规模的扩大虽然在短时间通过消费内提高了居民的效用水平，但也是以牺牲未来的财富及消费为代价的，因此尽管负债增加了家庭的消费，但负债对幸福感的影响仍然显著为负，而家庭杠杆也具有类似的影响效果。不同之处在于家庭资产杠杆是以家庭负债与资产的比例作为衡量家庭负债水平的指标，家庭资产是家庭长期财富的积累，过多的负债大大影响了家庭的财富水平即未来的消费水平，因此回归结果系数的绝对值大于家庭负债收入比。

就家庭资产配置通过消费渠道的影响效果来看，与收入相比家庭资产与负债比例的上升分别通过减少与增加消费影响居民的主观幸福感，其中资产比例的减弱作用不及负债比例的增加作用，其对消费的影响系数相对较小，同时这种影响分别减弱了家庭资产和负债本身对幸福的提升和抑制作用。对于家庭杠杆来说，家庭杠杆水平本身对幸福感具有较大的抑制作用，而家庭杠杆通过增加消费在一定程度上减弱了这种抑制作用。对于攀比效应来说，家庭的资产收入比和杠杆水平对其影响并不明显，而家庭负债收入比对其具有显著的提升作用。这表明与收入相比，家庭资产规模的扩大对于家庭社会地位的攀比效应影响并不明显，而家庭负债规模的扩大提高了家庭社会地位的攀比效应；而家庭负债规模相对于资产规模来说其水平的提高对家庭社会地位攀比效应的影响同样并不明显。家庭负债收入比在一定程度上对家庭社会地位具有一定的提升作用，这意味着在同等收入水平条件下，负债规模更高的家庭可能因为负债获得了更高的流动性水平，往往具有较高的社会地位，从而提高了自身的幸福水平，但家庭的资产收入比和杠杆水平这种效应并不明显。

二、稳健性检验

为检验模型及回归结果是否稳健，我们采用以下两方面进行检验。一是尝试剔除或增加某些控制变量，发现估计结果与原结果并未发生太大差别；二是用 Ordered Logit 模型和普通最小二乘法（OLS）模型分别对设定的模型及有关变量进行重新估计，从检验的回归结果可以看出，家庭资产与负债结构对幸福的影响与表 5-3 得到的结果结论一致，从而证明本模型的稳定性及回归结果的可靠性。回归结果见表 5-7a。

表 5-7a　家庭资产配置对居民幸福感影响的稳健性检验

解释变量	（1）ologit 模型	（2）OLS 模型	（3）ologit 模型	（4）OLS 模型
资产	0.0003* （0.0002）	0.0002** （0.0001）		
负债	−0.005* （0.003）	−0.004** （0.002）		
杠杆			−0.134*** （0.032）	−0.083*** （0.018）
控制变量	控制	控制	控制	控制
省份固定效应	有	有	有	有
Obs	39810	39810	43368	43368
Pseudo R^2	0.0345	0.0924	0.0347	0.0933

注：本表注释内容与表 5-3 相同；个体特性变量回归结果限于篇幅未列出。

近年来中国微观家庭数据库逐渐丰富，为避免单个数据库估计结果可能存在的偏误，我们又使用 CHFS2011-2013 年数据、CHIP2013 年数据进行回归，得到的结果如表 5-7b 所示，与 CFPS2010-2016 估计结果也无太大出入，从而证明了原估计结果的稳健性。CHFS2011-2013 年数据、CHIP2013 数据介绍及描述性统计结果可见附录 A 和 B。

表 5-7b　家庭资产配置对居民幸福感影响的稳健性检验

解释变量	（1）	（2）	（3）	（4）
	CHFS	CHIP	CHFS	CHIP
资产	0.0002***	0.051***		
	（0.0001）	（0.007）		
负债	−0.015***	−0.044**		
	（0.001）	（0.017）		
杠杆			−0.270***	−0.042***
			（0.017）	（0.012）
控制变量	控制	控制	控制	控制
省份固定效应	有	有	有	有
Obs	65236	8147	67452	8142
Pseudo R^2	0.0428	0.0538	0.0440	0.0516

注：本表注释内容与表 5-3 相同；个体特性变量回归结果限于篇幅未列出。

尽管本文使用了面板数据进行估计，但仍可能存在反向因果关系造成的内生性问题。基于此，本文选取样本内同一县/区家庭资产配置的平均值作为家庭资产配置的工具变量。从理论上来说，家庭会受到周围家庭资产配置行为的影响，而单个家庭很难对周围人的资产配置行为产生影响，因而相对于单个家庭的幸福感来说符合相关性与外生的假设。因此本文认为选取样本内同一县/区家庭资产配置的平均值作为家庭资产配置的工具变量是适当的，通过两阶段工具变量得到的结果如表 5-7c 所示。

表 5-7c　家庭资产配置对居民幸福感影响的内生性讨论

解释变量	（1）	（2）	（7）	（8）
	第一阶段	第二阶段	第一阶段	第二阶段
县/区资产	0.968***			
	（0.047）			
县/区负债	1.057***			
	（0.070）			
资产		0.004***		
		（0.001）		

续表

解释变量	（1）	（2）	（7）	（8）
	第一阶段	第二阶段	第一阶段	第二阶段
负债		−0.035*** （0.012）		
县 / 区杠杆			0.991*** （0.039）	
杠杆				−0.256*** （0.086）
一阶段 F 值	393.176		1431.344	
Obs	39810	39810	43368	43368

注：本表注释内容与表 5-3 相同；个体特性变量回归结果限于篇幅未列出。

第（1）列和第（3）列报告了第一阶段的估计结果，可以看到各变量系数均在 1% 的水平下显著，表明家庭的资产、负债及杠杆水平受同一县 / 区家庭资产配置相应平均值的影响。同时，上述两列第一阶段 F 值分别为 393.176 和 1431.344，远远大于经验门限值 10，从而证明工具变量的选择是有效的。第（2）列和第（4）列报告了家庭资产配置第二阶段的估计结果，通过与原基准模型的对比，从回归系数及显著性水平来看，使用工具变量后家庭的资产配置行为对幸福感的影响结果保持不变，从而验证了原估计结果的稳健性。

第六节　拓展性研究

在中国家庭传统观念中，储蓄及财富积累一直是被广为接受的。随着经济发展水平的提高，金融工具的丰富及人们观念的转变，家庭已开始将负债作为家庭调配自身经济资源的重要途径。负债虽然为家庭带来了一定的还款压力，但短时间内为家庭筹集到了所需要的资金，缓解了家庭的流动性约束，使得家庭能够调配更多的经济资源用于满足家庭的投资需求，从而可能会为家庭带来更多的收益。近年来，随着中国房地产及金融行业的快速发展，越来越多的家庭尝试使用房产抵押、融资等杠杆进行投资，以求获得高额的回报率（吴卫星等，2016）。由于房屋及金融负债是家庭财务杠杆的最为典型的代表，因此本部分主要从这两个方面对家庭的负债选择进行研究。

收入是影响家庭经济状况的重要因素。一般来说，随着收入水平的提高，家庭经济状况随之改善，生活水平相应提高，人们的幸福感水平获得提升。然而著名的"Easterlin 悖论"则提出，收入增长并不一定会提高国民的幸福水平（Easterlin，1974）。Easterlin 的研究受到了学界的质疑，大量的研究显示，收入增长促进了国民幸福感水平的提高（Veenhoven & Hagerty，2006；刘军强等，2012）。Easterlin（2010）通过研究对其成果进行了修正，提出收入在短期内对幸福感可能具有促进作用，然而从整个生命周期来看，收入水平对幸福感的提升作用较为有限。尽管收入对于幸福的影响存在一定的争议，但不可否认的是，收入仍然是影响幸福的关键因素，对于许多国家和地区而言，收入水平的提高仍然会提升人们的幸福感水平。

幸福是经济学领域一个备受关注的话题。在经济学研究范畴内，关于影响幸福因素的研究大量存在。除收入之外，家庭资产配置同样也能对居民的幸福感产生作用。目前关于家庭资产配置对居民幸福感的研究主要集中在家庭的各类资产当中（李江一等，2015；张翔等，2015，尹志超等，2019），而关于负债的研究则较为少见。负债本身由于会为家庭带来经济负担从而对居民幸福感产生消极影响（Tay et al.，2017），然而通过负债带来的收益或收入增长则有可能对居民幸福感产生积极的作用，而这一判断便是本部分所要研究的问题所在。

一、变量说明

根据 CFPS 数据库中对于家庭负债种类的划分，家庭负债主要包括房屋负债及除房屋外的金融负债等。考虑到本章主要研究的问题及数据的可得性，分别将家庭是否拥有房屋或金融负债作为衡量家庭负债的变量。当家庭拥有房贷或金融负债时，即房屋或金融的杠杆（负债金额 / 资产金额）大于 0，上述变量的取值为 1，而当家庭无房贷或金融负债时变量取值为 0。

收入为家庭提供可自由支配的资金及基本的生活保障。按照常见收入的划分，家庭收入可分为工资性收入、经营性收入、转移性收入、财产性收入等。CFPS 数据库也将家庭收入主要划分为这几种类型。为进一步研究家庭各项收入的结构变化，本章分别将上述收入金额与家庭总收入金额相除，得到各项收入在总收入的比重作为衡量家庭收入的变量，其取值范围介于 0 到 1 之间。

关于幸福变量的设置前文中已有介绍，在此不再重复描述。

二、变量的描述性统计

除本部分所要重点研究的经济政策不确定性、家庭资产配置、幸福感等三种变量外，还应包含一系列控制变量的选取。根据已有的研究文献及结论（Guiso et al.，2003；史代敏和宋艳，2005；吴卫星等，2011；尹志超等，2014；周钦等，2015），结合CFPS数据库变量的设置及数据的可得性，本文选取的控制变量主要包括以下特征：性别、年龄、年龄的平方、婚姻状况、受教育年限、政治面貌、健康状况、户口类型、工作情况、社会参保状况等。上述变量在前面各章中已进行介绍及描述性统计分析，在此不再重复叙述。根据变量的选取及本文所要研究的问题，通过使用stata15进行描述性统计得到CFPS各变量的结果如表5–8所示。

表5–8　变量的描述性统计

变量符号	样本数量	均值	标准差	最小值	最大值
幸福□	40436	3.621	1.073	1	5
性别	41589	0.590	0.492	0	1
年龄	41708	50.957	13.917	16	97
年龄的平方	41708	27.903	14.622	2.56	94.09
婚姻状况	46730	0.777	0.416	0	1
受教育年限	40285	7.162	4.730	0	22
政治面貌	43017	0.111	0.314	0	1
健康状况	41702	3.079	1.303	1	5
户口类型	41174	0.313	0.464	0	1
工作情况	40642	0.633	0.482	0	1
社会参保状况	46574	0.914	0.280	0	1
房屋负债	46736	0.156	0.362	0	1
金融负债	46736	0.206	0.405	0	1
财产性收入	46736	0.024	0.107	0	1
经营性收入	46736	0.144	0.266	0	1
工资性收入	46736	0.624	0.418	0	1
转移性收入	46736	0.172	0.309	0	1

描述性统计结果显示，2010—2016 年样本期内中国家庭拥有房屋负债与金融负债的比例分别为 0.156 和 0.206，说明家庭拥有房屋负债的概率小于拥有金融负债的概率。样本中家庭财产性收入、经营性收入、工资性收入、转移性收入等在收入中的比重反映了家庭收入的组成和结构，上述收入种类在家庭收入中的比例分别为 2.4%、14.4%、62.4%、17.2%，相加基本接近于 1；除此之外，家庭收入还包括其他收入来源，在此不再讨论。可以看出，工资收入占据了家庭收入的最大份额，工资收入是绝大部分家庭获得收入的传统方式，因此所占比例最大。经营性收入与转移性收入相差不大。经营性收入是家庭从事生产经营活动中取得的收益，在家庭收入中也占据一定的份额。转移性收入则主要为国家、社会团体、单位向家庭的各种转移支付及家庭之间的收入转移等，包括住房公积金、离退休金、抚恤支出、赡养收入等，属于社会再分配性收入，以政府转移收入为主。转移收入的比例反映了近些年国家对于改善民生所实施的力度。财产性收入是家庭通过资本参与社会生产活动所取得的收入，主要包括房屋与金融投资活动等，是家庭获得收入相对较新的渠道，虽然在家庭收入中所占比例不大，但具有较大的增长空间。主要家庭成员的幸福感在样本期内平均值为 3.621，处于相对幸福水平。

三、估计结果及分析

按照模型的设定，表 5-9 显示了家庭负债与收入对居民幸福感的影响。其中第（1）列和第（2）列分别描述了家庭房屋负债与金融负债对居民幸福感的单独影响，第（3）列同时显示了这两类负债对居民幸福感的共同影响。为进一步研究家庭不同的收入来源对居民幸福感的影响，以及考虑到随后所要讨论的负债通过中介变量收入对居民幸福感的影响，第（4）列在负债的基础上加入了表示各项收入的变量，从而得到了负债与收入对居民幸福感影响的回归结果。关于控制变量的回归结果在前面各章中已进行讨论，在此不再赘述。

（一）负债对居民幸福感的影响

从回归的结果来看，当家庭房屋杠杆大于 0 即家庭拥有房屋负债能够增加居民的主观幸福感；而当家庭金融杠杆大于 0 即家庭拥有金融负债则对居民的主观幸福感具有抑制作用，且这两种结果均在 1% 的水平下显著。近年来，受国家住房改革及房地产市场发展的影响，房屋价值得到了大幅度攀升，房屋资产也成为中国家庭资产最重要的组成部分，占据家庭资产相当大的份额。由于房屋价格的高昂，大量家庭尤其是大中型城市的年轻家庭受限于资金的不足往往采取按揭付款即通过向银行借款的方式购置房产。当然，随着家庭金融素养水平的提高，也有一些家庭出于投资的动机使用房屋杠杆购买房屋，以便于家庭资产随着房价的快速上涨获得更多的收益。拥有房屋贷款虽然给家庭带来了一定的经济负担，但由于其满足了家庭基本的居住需求，现有的按揭买房制度也将数额不菲的房屋贷款平滑至家庭还款周期的各个时期，在一定程度上缓解了家庭的经济压力，且房屋资产存在着一定的升值空间，因此拥有房屋贷款对居民的幸福感具有显著的提升作用。

与房屋贷款有所不同，家庭金融负债多用于参与金融市场投资和生产经营活动等。这些活动虽然能够为家庭带来一定的收益，但往往也存在着不可回避的风险，可能会给家庭带来损失。对于绝大多数中国家庭来说，"无债一身轻"的心理仍大量存在，且金融负债并不能像房屋负债那样给居民心理带来巨大的稳定感，收益不如房屋资产稳定；在中国资本市场尤其是股票市场中，广泛存在"七亏二平一盈"的现象，大部分中小散户投资者往往是亏损的，因此拥有金融负债显著降低了居民的幸福感水平。

表5-9 负债、收入对居民幸福感的影响

变量名称	（1）	（2）	（3）	（4）
	幸福			
房屋负债	0.050***		0.067***	0.062***
	（0.015）		（0.015）	（0.016）
金融负债		−0.121***	−0.128***	−0.126***
		（0.014）	（0.014）	（0.014）
财产性收入				0.221***
				（0.054）
经营性收入				0.045*
				（0.026）
工资性收入				0.111***
				（0.019）
转移性收入				0.062**
				（0.025）

变量名称	（1）	（2）	（3）	（4）
	幸福			
性别	−0.102***	−0.101***	−0.100***	−0.095***
	（0.012）	（0.012）	（0.012）	（0.012）
年龄	−0.025***	−0.025***	−0.025***	−0.026***
	（0.003）	（0.003）	（0.003）	（0.003）
年龄平方	0.038***	0.037***	0.037***	0.039***
	（0.003）	（0.003）	（0.003）	（0.003）
婚姻	0.294***	0.295***	0.294***	0.296***
	（0.018）	（0.018）	（0.018）	（0.018）
教育	0.006***	0.006***	0.006***	0.006***
	（0.001）	（0.001）	（0.001）	（0.001）
党员	0.217***	0.219***	0.217***	0.211***
	（0.021）	（0.020）	（0.021）	（0.021）
健康	0.206***	0.204***	0.205***	0.198***
	（0.005）	（0.005）	（0.005）	（0.005）
户口	0.047***	0.039***	0.040***	0.034**
	（0.014）	（0.014）	（0.014）	（0.015）
工作	0.060***	0.060***	0.058***	0.058***
	（0.013）	（0.013）	（0.013）	（0.013）
保障	0.122***	0.123***	0.123***	0.123***
	（0.019）	（0.019）	（0.019）	（0.019）
省份固定效应	有	有	有	有
Obs	38598	38598	38598	38598
Pseudo R^2	0.034	0.035	0.035	0.036

注：括号内为标准误差，"***""**""*"分别表示在1%、5%、10%的显著水平。

（二）收入对居民幸福感的影响

从家庭各项收入的组成来看，家庭财产性收入、工资性收入、转移性收入、经营性收入对居民的幸福感具有显著的促进作用，且这种促进作用依次减弱。家庭财产性收入是家庭通过房屋等不动产和证券、理财等动产取得的收入，包括房产交易、租金、利息、资产收益、股利等。财产收入的多少更多体现了家庭的财富管理水平，财产收入在家庭总收入中比重的增高为家庭收入拓展了更多的渠道。得益于房地产及金融行业的发展，财产性收入通常较其他收入而言回报率更高，同时会为家庭成员带来心理上的成就感，因此对居民的幸福感具有显著的提升作用，且这种提升作用最强，回归系数较大。对于工资性收入来说，由于工资性收入占据家庭收入的绝大部分，且通常较为稳定，因此其能显著提高居民的主观幸福感水平。与财产性收入相比，由于家庭工资性收入一般变化不大，同样一个单位的工资收入增长可能需要更多的时间和精力，所以工资性收入在家庭收入中比例的上升对居民幸福感的提升作用不及财产性收入。

转移性收入主要以政府的二次分配为主，在一定程度上提升了低收入、离退休、伤残等家庭的生活水平，改善了社会收入水平的差距，因而能够对居民的主观幸福感水平具有显著的促进作用。由于转移性收入大多为政府支付且数额有限，家庭多数并非通过自身的投资或劳动主动获得而是被动接受，可能无法更多的满足心理上的成就感，因此其在家庭总收入中比重的增加对居民幸福感水平的提升作用不及财产性收入和工资性收入。在以上四种收入中，家庭经营性收入对居民幸福感的提升作用最小。这可能是由于绝大部分家庭并非专业的生产经营活动者，与公司或企业相比其生产经营活动的水平及能力存在一定的差距，盈利能力有限。虽然家庭的生产经营活动可以为家庭带来一定的收入，但这种收入来源不如工资性和转移性收入稳定，收益率又不及财产性收入，因此对居民的幸福感水平提升作用不如其他家庭收入。

（三）负债对中介变量收入的影响

表 5-10 讨论了负债对于家庭中介变量入的影响，控制变量的选取与表 5-9 基本相同。由于此部分主要考察负债对收入的影响，因此控制变量的回归结果不再列数。考虑到家庭工资性收入与转移性收入一般都是较为稳定的，且与家庭负债无太大关联，因此主要讨论负债对家庭财产性收入和经营性收入的影响。从回归结果来看，家庭拥有房屋负债能够显著提升财产性收入在家庭总收入比重的增加，而对于经营性收入来说则会降低其在家庭总收入中的份额。近些年在中国由于房屋巨大的升值空间，房屋负债虽然会给家庭带来一定的经济压力，但随着房屋资产价格的上升，家庭无论是将负债购置的房屋进行交易或者出租均能得到较大的收益，而这些都属于财产性收入，因此家庭房屋负债能够通过提高财产性收入在家庭总收入中比重的增加进一步

提升居民主观幸福感水平。对于经营性收入来说，由于房屋负债购置房屋占用了家庭大量的资金，家庭可使用的资金毕竟有限，因此购置房屋挤占了家庭生产经营活动的资金，因此会降低家庭经营性收入在总收入中的份额，从而通过降低经营性资产一定程度上减弱了居民的主观幸福感。从整体来说，由于家庭财产性收入对居民的主观幸福感水平提升作用较强，因此房屋负债通过影响家庭收入结构对居民的幸福感是促进的。

表 5-10　负债对中介变量收入影响的回归结果

变量名称	（1）	（2）
	财产性收入	经营性收入
房屋负债	0.067***	−0.076***
	（0.010）	（0.008）
金融负债	0.004	0.034***
	（0.009）	（0.006）
控制变量	控制	控制
省份固定效应	有	有
Obs	38929	38929
Pseudo R^2	0.037	0.268

注：括号内为标准误差，"***""**""*"分别表示在1%、5%、10%的显著水平。

就金融负债来说，金融负债对于家庭财产性收入比重的变化无显著影响，而对于经营性收入在家庭总收入中份额的增加则具有显著的促进作用。如上文所述，由于中国的资本市场存在着一定的投机行为，金融收益并不稳定，因此金融负债虽然为家庭带来了一定的现金流，但较少家庭会将其进行金融投资，即使一部分家庭将金融负债获得的资金用于股票等金融产品投资，也未必会获得较好的收益，因此金融负债对于家庭财产性收入在家庭总收入中的变化影响并不明显。至于经营性收入，相较于金融投资来说，生产经营活动虽然收益可能略低，但稳定性略强，对于家庭资产配置策略偏保守的家庭来说，将金融负债用于家庭生产经营活动不失为一个投资的选择；同时，家庭在日常生产经营活动中不可避免地会遇到资金的不足，这时家庭金融负债便可以缓解家庭的流动性约束，促进家庭生产经营活动的正常进行，从而提高家庭经营性收入在总收入中的份额的增加。因家庭金融负债对财产性收入影响不大，对家庭经营性收入在总收入中比例的变化具有显著的提升作用，结合金融负债及家庭经营性收入对居民幸福感的影响，家庭负债通过对经营性收入的作用一定程度上缓解了金融负债对居民幸福感的抑制作用。

四、异质性分析

为进一步研究负债对不同群体及个体居民幸福感的影响，本文分别将家庭成员按照性别、婚姻状况、户口类型、年龄结构分为受访家庭成员为女性和男性家庭，未婚和已婚家庭，农村和城镇家庭，青年、中年和老年家庭。根据联合国卫生组织的划分，青年家庭年龄 ≤ 44 周岁，45 周岁 ≤ 中年家庭 ≤ 59 周岁，老年家庭 ≥ 60 周岁。因衡量幸福感水平为序数形式，因此采用 Ordered Probit 模型进行估计，得到的结果如表 5–11 所示。

表 5–11 负债对居民幸福感影响的异质性分析

变量名称	（1）	（2）	（3）	（4）	（5）	（6）	（7）	（8）	（9）
	幸福								
	女性	男性	未婚	已婚	农村	城镇	青年	中年	老年
房屋负债	0.020	0.102***	0.134***	0.053***	0.078***	0.030	0.048*	0.041*	0.154***
	（0.024）	（0.021）	（0.049）	（0.017）	（0.019）	（0.028）	（0.025）	（0.025）	（0.035）
金融负债	−0.147***	−0.113***	−0.076*	−0.140***	−0.139***	−0.087***	−0.144***	−0.107***	−0.156***
	（0.023）	（0.018）	（0.044）	（0.015）	（0.016）	（0.030）	（0.023）	（0.022）	（0.033）
控制变量	控制	控制	控制	控制	控制	控制	控制	控制	控制
省份固定效应	有	有	有	有	有	有	有	有	有
样本量	15928	22670	4710	33888	26245	12353	12757	14964	10877
Pseudo R^2	0.033	0.038	0.053	0.032	0.031	0.048	0.037	0.035	0.036

注：括号内为标准误差，"***""**""*"分别表示在 1%、5%、10% 的显著水平。

从回归结果来看，拥有房屋负债对于各种特征家庭均有不同程度的提升作用，而拥有金融负债对各种特征家庭则都具有显著的抑制作用。相对来说，拥有房屋负债对于受访成员为男性、已婚、农村、青年及老年家庭的幸福感提升作用更强。这是因为受访成员为男性和已婚家庭较受访成员为女性和未婚家庭而言通常更加理性，更多的使用房屋杠杆进行财富积累，因此拥有房屋负债对其幸福感更具有促进作用。对于城镇家庭及中年家庭来说，因为分别要面临着高昂的房价及经济生活压力，因此拥有房屋负债对其幸福感的影响作用有限，低于房屋负债对于农村家庭和青年、老年居民的幸福感具有提升作用。

对于金融负债而言，拥有金融负债对于受访成员为女性、已婚、农村、青年和老年居民幸福感的抑制作用更强。由于女性及已婚家庭成员更加注重生活的稳定感，而农村家庭因经济状况普遍不如城镇家庭，还债能力有限，因此这部分特征家庭拥有金融负债时幸福感通常更低。从不同的年龄层面来看，因为老年家庭更加注重生活的安逸，年轻家庭相较于中年家庭通常还款能力更低，也不具备更多的投资知识和经验，所以拥有金融负债的青年和老年居民幸福感水平更低，对于中年居民幸福感的减弱作用不及青年和老年家庭。

五、稳健性检验

为检验模型及回归结果是否稳健，我们采用以下两方面进行检验。一是尝试剔除或增加某些控制变量，发现估计结果与原结果并未发生太大差别。二是用 Ordered Logit 模型和普通最小二乘法（OLS）模型分别对设定的模型及有关变量重新进行估计，也得到与原先估计相似的回归结果，回归结果见表5-12。从检验的回归结果可以看出，负债、收入与居民幸福感的关系与表5-9得到的结果结论一致，从而证明本模型的稳定性及回归结果的可靠性。

表5-12　负债、收入对居民幸福感影响的稳健性检验

变量名称	（1）Ologit 模型	（2）Ologit 模型	（3）OLS 模型	（4）OLS 模型
房屋负债	0.122***	0.114***	0.064***	0.059***
	（0.027）	（0.027）	（0.015）	（0.015）
金融负债	−0.210***	−0.206***	−0.129***	−0.127***
	（0.024）	（0.024）	（0.014）	（0.014）
财产性收入		0.373***		0.219***
		（0.092）		（0.051）
经营性收入		0.076*		0.044*
		（0.044）		（0.025）

变量名称	（1）	（2）	（3）	（4）
	Ologit 模型	Ologit 模型	OLS 模型	OLS 模型
工资性收入		0.193*** （0.033）		0.108*** （0.019）
转移性收入		0.107** （0.043）		0.056** （0.025）
控制变量	控制	控制	控制	控制
常数项	2.842*** （0.090）	2.892*** （0.090）	2.884*** （0.090）	2.842*** （0.090）
省份固定效应	有	有	有	有
Obs	38598	38598	38598	38598
R^2	0.036	0.036	0.096	0.097

注：括号内为标准误差，"***""**""*"分别表示在1%、5%、10%的显著水平。

由于家庭的房屋或金融负债行为对居民幸福感的影响可能会收到样本自选择问题，存在一定的内生性干扰。因此，可选用倾向匹配得分法（PSM），构造"实验组"与"对照组"，通过反事实比较，得到房屋负债与金融负债对居民幸福感的"净影响"，有效避免变量间的内生性影响。通过对原估计模型控制变量的匹配，其中对照组取值为0，实验组取值为1，采用最邻近匹配法，得到匹配前后变量的偏差变化统计，结果见表5-13所示。

表 5-13a　变量偏差变化统计

变量	样本	标准偏差（%）	t 值	$P>\|t\|$
性别	匹配前	−1.7	−1.18	0.239
	匹配后	2.2	1.17	0.243
年龄	匹配前	−24.5	−16.74	0.000
	匹配后	4.3	2.39	0.017
婚姻	匹配前	7.0	4.74	0.000
	匹配后	−3.3	−1.88	0.060
教育	匹配前	14.4	10.26	0.000
	匹配后	0.2	0.10	0.918
党员	匹配前	7.5	5.48	0.000
	匹配后	1.9	0.98	0.329

变量	样本	标准偏差（%）	t 值	P>|t|
健康	匹配前	−1.7	−1.18	0.236
	匹配后	−1.3	−0.71	0.476
户口	匹配前	−4.6	−3.23	0.001
	匹配后	1.3	0.69	0.489
工作	匹配前	23.8	16.21	0.000
	匹配后	−3.9	−2.23	0.026
保障	匹配前	4.5	3.05	0.002
	匹配后	0.2	0.13	0.893
金融负债	匹配前	33.6	25.32	0.000
	匹配后	4.2	2.08	0.038
财产性收入	匹配前	6.0	4.42	0.000
	匹配后	1.7	0.86	0.392
经营性收入	匹配前	−10.0	−6.78	0.000
	匹配后	0.0	0.01	0.995
工资性收入	匹配前	19.9	13.37	0.000
	匹配后	−3.0	−1.68	0.093
转移性收入	匹配前	−18.8	−12.37	0.000
	匹配后	3.2	1.95	0.051

表 5–13a 与表 5–13b 分别描述了家庭是否拥有房屋负债于金融负债的 PSM 变量偏差变化统计。可以看出，匹配后的变量标准化偏差缩小幅度较大且均低于 10%，变量的处理组与控制组样本均值更为接近，偏误变小。匹配前仅有个别变量不太显著，其他变量均十分显著，匹配后变量的显著性水平一般都有不同程度的降低，大部分变量不再显著，表明匹配后两组数据的组间差异异质性减少，从而使结果说服力更强。

表 5–13b　变量偏差变化统计

变量	样本	标准偏差（%）	t 值	P>|t|
性别	匹配前	1.6	1.23	0.219
	匹配后	0.4	0.23	0.821
年龄	匹配前	−29.5	−22.67	0.000
	匹配后	1.8	1.18	0.238
婚姻	匹配前	7.9	6.13	0.000
	匹配后	−2.9	−1.93	0.053

变量	样本	标准偏差（%）	t 值	P>|t|
教育	匹配前	-10.5	-8.30	0.000
	匹配后	0.7	0.46	0.649
党员	匹配前	-8.2	-6.29	0.000
	匹配后	1.5	1.04	0.297
健康	匹配前	-6.2	-4.92	0.000
	匹配后	-1.9	-1.16	0.245
户口	匹配前	-30.2	-22.94	0.000
	匹配后	4.7	3.25	0.001
工作	匹配前	11.2	8.76	0.000
	匹配后	-1.4	-0.92	0.358
保障	匹配前	3.6	2.83	0.005
	匹配后	1.0	0.65	0.518
房屋负债	匹配前	29.6	25.32	0.000
	匹配后	5.5	3.13	0.002
财产性收入	匹配前	-0.8	-0.61	0.540
	匹配后	-0.2	-0.14	0.885
经营性收入	匹配前	15.9	12.93	0.000
	匹配后	-0.7	-0.42	0.675
工资性收入	匹配前	2.1	1.62	0.105
	匹配后	-3.3	-2.11	0.035
转移性收入	匹配前	-27.1	-20.04	0.000
	匹配后	3.7	2.77	0.006

表 5-14 显示了 PSM 的平均处理效应（ATT）估计结果。可以看出，经过倾向匹配得分处理后，家庭是否拥有房屋负债和金融负债对幸福影响的 ATT 值分别为 2.90 和 -6.29，且均在 1% 的水平下显著，证明家庭拥有房屋负债和和金融负债对居民幸福感分别具有正负两个方向的影响，从而验证了原结果的稳健性。

表 5-14　PSM 的 ATT 估计结果

变量		处理组	控制组	标准差	ATT
幸福	房屋负债	3.63	3.57	0.02	2.90***
幸福	金融负债	3.46	3.60	0.02	-6.92***

本章小结

　　家庭不仅是社会生活的参与者，也是宏观经济运行的缩影及微观经济个体活动的重要代表。近年来关于家庭金融的研究越来越多，且不断深入，逐渐成为微观金融研究的热点。本文采用中国家庭 CFPS、CHFS、CHIP 三个独立的微观数据库，研究家庭资产与负债结构对居民主观幸福感的影响。结果显示，相对于收入来说，家庭资产显著提高了居民的主观幸福感，家庭负债对居民的幸福感具有明显的抑制作用；居民的主观幸福感随家庭杠杆水平的上升显著下降。进一步研究表明，就家庭资产而言，相对于收入来说，房屋资产对幸福感影响较小，土地会显著降低居民幸福感，耐用消费品、金融资产、生产经营资产等会提高居民的幸福感；至于家庭负债，家庭拥有房屋负债显著提升了居民的幸福感水平，而拥有金融负债的对居民的主观幸福感具有显著的抑制作用。家庭房屋及生活负债规模相对于收入和资产来说都会降低居民的幸福感，汽车等耐用消费品债务则会提高居民幸福感。家庭财产性收入、工资性收入、转移性收入、经营性收入在家庭总收入中比重的增大对居民幸福感的提升作用依次减弱。此外，家庭资产配置还会通过消费渠道与"攀比效应"两种机制影响居民的幸福感。家庭拥有房屋负债通过增加财产性收入提高了居民的幸福感，通过减少经营性收入一定程度上减少了房屋负债对于居民幸福感的提升作用；而家庭拥有金融负债对财产性收入影响不大，主要通过增加经营性收入一定程度上缓解了金融负债对于居民幸福感的抑制作用。研究结论不仅为我们如何进行家庭资产配置有所启示，也为政府宏观经济调控提供了参考，从而进一步提升居民幸福感。

本章附表

附表 A CHFS2011–2015 变量的描述性统计分析

Variable	Obs	Mean	Std.Dev.	Min	Max
Hap	73765	3.661	0.855	1	5
Gen	73818	0.753	0.431	0	1
Age	73808	52.177	14.376	16	113
Age_sq	73808	29.291	15.462	2.56	127.69
Mar	73825	0.861	0.345	0	1
Edu	73825	9.258	4.222	0	22
Pol	71627	0.171	0.376	0	1
Heal	69901	3.098	1.109	1	5
Reg_re	73825	0.677	0.467	0	1
Wor	73701	0.664	0.472	0	1
Med	69840	0.912	0.283	0	1
Ass	71240	28.750	85.872	0	704.733
Deb	72971	0.906	3.364	0	26.11
Lev	73813	0.086	0.28	0	2.106

中国家庭金融调查（China Household Financial Service，CHFS）项目是西南财经大学中国家庭金融研究与调查中心在全国范围内开展大型问卷调查，该调查已对外公布 2011、2013、2015 年三年成功调查的数据，采用三阶段分层抽样方法，主要内容包括人口特征、就业、社会保障与保险、收入与支出、家庭财富与负债等家庭金融微观层面的信息。其中 2011 年调查规模涵盖全国 25 个省（直辖市、区），82 个县，320 个村（居）委会，样本涉及 8438 户家庭。2013 年调查规模涵盖全国 29 个省（直辖市、区），267 个县，1048 个村（居）委会，样本涉及 28141 户家庭。2015 年调查规模涵盖全国 29 个省（直辖市、区），351 个县，1396 个村（居）委会，样本涉及 37289 户家庭。该项目为连续跨年数据，有效样本逐年扩大，适用于为学术研究及为政府决策提供数据支持，本文中使用 CHFS2011–2013 年家庭数据均采用面板固定效应模型进行估计。

附表 B　CHIP2013 变量的描述性统计分析

Variable	Obs	Mean	Std.Dev.	Min	Max
Hap	16814	3.64	0.818	1	5
Gen	17002	0.843	0.364	0	1
Age	17002	51.217	12.189	14	97
Age_sq	17002	27.717	13.032	1.96	94.09
Mar	17164	0.896	0.305	0	1
Edu	16642	8.57	3.504	0	21
Pol	17164	0.172	0.377	0	1
Heal	16986	3.828	0.925	1	5
Reg_re	17164	0.389	0.488	0	1
Wor	17164	0.172	0.378	0	1
Med	17164	0.983	0.128	0	1
Ass	8603	1.736	1.78	0.056	10.736
Deb	11348	0.355	0.988	0	6.121
Lev	8579	0.281	1.101	0	8

CHIP2013 数据来自北京师范大学中国家庭收入调查项目（China Household Income Projects），该项目由北师大中国收入分配研究院与国内外专家学者联合完成。CHIP2013 根据国家统计局城乡一体化常规住户调查大样本库，在全国范围内按照系统抽样方法对东部、中部、西部进行分层；样本覆盖了 15 个省、126 个城市、234 个县区的住户样本，其中城镇住户样本 7175 户、农村住户样本 11013 户。数据内容主要包括住户个人和家庭的基本信息、家庭结构、就业状况、主要收支情况、住户资产配置情况等方面的内容。本文第五章主要研究家庭资产配置对居民幸福感的影响，将样本个人数据与家庭数据、农村与城镇家庭样本合并进行研究。CHIP2013 数据虽然仅为单一年份的截面数据，但由于其项目为中外研究人员合作，在国内外具有广泛的认知度，且为国家统计局协助下完成，因此具有较高的学术价值及权威性。[1]

通过观察可以看出，样本各项数据都比较接近，可以为估计结果提供较好的参照，也说明样本基本反映了中国家庭的各项特征及资产配置情况。有

[1] 因 CHIP 数据库时间跨度较大，除 2013 年数据外其余年份数据均相对较早，因此本文仅选取 2013 年的截面数据进行研究，同样采用固定效应模型进行估计。

较大差别的地方在于 CHFS 数据户口类型均值为 0.677，即城市家庭样本居多，而 CHIP 数值为 0.389，与 CFPS 比较接近。由于 CHFS 城镇家庭样本较多，因此其资产规模均值大于 CFPS；而 CHIP 由于在统计中没有包含房屋价值的数据，而中国家庭中房产占据了家庭资产相当大的比重，因此 CHIP 中代表资产变量的数值较小，而家庭杠杆水平也因此显示数值较大。

第六章 经济政策不确定性条件下的居民幸福感

第一节　问题的提出

不确定性（Uncertainty）最早是由 Knight（1921）提出并进行诠释的。他认为不确定性是在任何一瞬间个人能够创造的那些可能被意识到的可能状态的数量，且不确定是不可预测和测量的。关于不确定性的研究主要集中在宏观经济不确定性（王义中和宋敏，2014）、环境不确定性（申慧慧等，2012）、融资不确定性（连玉君和苏治，2009）、现金流不确定性（刘波等，2017）、收入与支出不确定性（罗楚亮，2004）等方面。近年来，随着经济政策不确定性指数（Economic Policy Uncertainty，EPU）的出现，关于不确定性的研究大量地集中在这一领域，已经成为不确定性研究最为重要的组成部分。由于经济政策不确定性指数（EPU）最早是由国外学者 Baker 等人所构建的，因此国外研究起步较早，且成果颇多；而国内关于这方面的研究虽然起步较晚，但也涌现出大量学术价值较高的结论，目前关于经济政策不确定性的研究主要体现在其宏观效应及微观影响。

幸福，是一种实现自我价值后的满足感，并希望一直保持这种状态主观心理情绪。党的十九大报告提出，中国特色社会主义进入新时代，我国社会主要矛盾已经转化为人民日益增长的美好生活需要和不平衡不充分的发展之间的矛盾。社会治理的最高宗旨是不断满足人民日益增长的美好生活需要，使人民获得感、幸福感、安全感更加充实、更有保障、更可持续。幸福经济学的研究内容主要为幸福测量与幸福分析，目前较为流行的测量方法是进行大样本的问卷调查（田国强、杨立岩，2015）。Easterlin（1974）通过研究跨国数据发现，人均 GDP 与幸福，以及收入与幸福时间序列关系在统计上都不具有相关性，而幸福感并非随着人均收入的增加而提高，即人们所熟知的"Easterlin 悖论"；Easterlin（1995，2001）还发现相对收入与幸福具有较强的关联性。陈永伟（2016）对"幸福悖论"存在的若干争议进行了归纳分析，认为幸福在应用经济学领域已经广泛用于度量居民的效用水平，与家庭收入密不可分。国内外大量的研究表明，幸福与年龄、性别、婚姻、健康、教育等人口特征以及与经济、政治、社会福利等社会环境有关（王艳萍，2017）。

本章主要研究经济政策不确定性对居民幸福感的影响，不仅研究经济政策不确定性对居民幸福感的直接影响，结合论文的研究对象，也进一步考察经济政策不确定性通过家庭资产配置等渠道对居民幸福感影响的作用机制，从而为经济政策不确定性、家庭资产配置及幸福经济学的相关研究提供新的论据。

第二节　变量说明及描述性统计

本文采用的数据来源于北京大学中国社会科学调查中心（ISSS）组织的中国家庭追踪调查（China Family Panel Studies，CFPS）项目，该项目得到了多个政府部门和国内多所著名高校的支持，调查数据样本覆盖面广，样本稳定性好，代表性强，且为近几年新获得连续年份的面板数据，因此具有较高的学术价值。本文主要研究经济政策不确定性、家庭资产配置与幸福感的相互关系，因经济政策不确定性具有时间变化的趋势，以单纯的截面数据无法衡量其对家庭资产配置及幸福感的影响；另一方面，面板数据可以更好地保证实证结果的可靠性，因此本文选取 CFPS2010–2016 年的家庭数据进行实证研究，包含家庭资产配置与幸福感的有关变量。而关于经济政策不确定性的衡量，本文则使用目前学术界普遍使用的 Baker et al.（2016）构建的经济政策不确定性指数（Economic Policy Uncertainty，EPU）作为解释变量。

一、经济政策不确定性

Baker et al.（2016）构建的中国经济政策不确定性指数为斯坦福大学与芝加哥大学联合发布，以我国香港的最大的英文报刊《南华早报》（South China Morning Post，简称 SCMP）做文本分析，以月度为单位识别出关于中国经济政策不确定性的文章数量，并与当月《南华早报》刊登的总文章数量相除，得到中国经济政策不确定指数的月度数据。因本文采用的微观家庭面板数据为年度数据，因此取各月度的平均值除以 100 作为当年度的经济政策不确定指数。出于内生性问题的考虑，本文选用的中国经济政策不确定性指数为滞后一期数据，即分别为 2009 年、2011 年、2013 年、2015 年，通过计算得到的经济政策不确定性指数数据分别为 1.276、1.706、1.139、1.813，呈现出一定的波动趋势。

二、家庭资产配置

本文主要使用 CFPS2010–2016 年的家庭连续调查微观数据，根据原数据库中对家庭资产的分类，本文主要讨论的关于家庭资产配置的有关变量为：金融资产、房屋资产、生产经营资产、耐用消费品资产等。因上述资产种类在第四章实证部分已做过介绍，在此不再重复进行解释。为准确度量家庭资产配置的分配及比例，本文以上述家庭资产种类与家庭总资产相除得到的比值作为衡量家庭资产配置的变量；同时，为分析及对比家庭资产配置比例的变化趋势，本文以年度为单位对家庭资产配置的有关变量进行描述性统计，上述四项关于家庭资产配置的变量描述性统计如表 6–1 所示。

表 6–1　家庭资产配置变量的描述性统计

资产种类	年份	样本数量	平均值	标准差	最小值	最大值
金融资产	2010	14098	0.056	0.147	0	1
	2012	12509	0.133	0.205	0	1
	2014	12892	0.118	0.207	0	1
	2016	12858	0.150	0.232	0	1
房屋资产	2010	5605	0.517	0.306	0	1
	2012	11580	0.586	0.324	0	1
	2014	11147	0.598	0.335	0	1
	2016	11190	0.578	0.343	0	1
生产经营资产	2012	12719	0.026	0.095	0	0.998
	2014	12876	0.027	0.094	0	0.996
	2016	12970	0.034	0.110	0	1
耐用消费品资产	2012	12498	0.075	0.133	0	1
	2014	12545	0.106	0.196	0	1
	2016	12670	0.105	0.177	0	1

从表 6–2 可以看出，家庭房屋资产在总资产中的比例最大，占据家庭总资产规模的一半以上。房屋资产在家庭总资产中的份额在 2010 年、2012 年、2014 年、2016 年分别为 51.7%、58.6%、59.8%、57.8%，且在样本期间内呈现出先上升稍后略有回落的趋势。家庭金融资产在家庭总资产中所占比重也较大，家庭金融资产 2010 年在总资产中的比重为 5.6%，之后上升幅度较大但

有所波动，2012年、2014年、2016年分别为13.3%、11.8%、15.0%。由于原数据库中2010年未统计家庭生产经营资产与耐用消费品资产，因此在表6-2描述性统计中未列出。家庭生产经营资产在家庭总资产中所占的份额相对较小，2012年、2014年、2016年分别为2.6%、2.7%、3.4%，呈现出不断上升的趋势。家庭耐用消费品资产与家庭金融资产规模基本相当，2012年、2014年、2016年在家庭总资产中的比重分别为7.5%、10.6%、10.5%，也呈现出一定的上升趋势。

三、幸福感

心理学家倾向于用直接度量的方法来衡量主观福利，即以问答形式用序数选择的指标（如：1、2、3等）来衡量福利水平即幸福等级，经济学领域也普遍接受用序数来测量个人的幸福水平。目前幸福经济学中对幸福较为流行的测量方法是进行大样本的问卷调查（田国强、杨立岩，2006），在调查问卷中以序数的形式来表示个人的幸福水平。CFPS中关于幸福感的问卷设计问题是"您觉得自己有多幸福？"其中"1"表示非常不幸，"5"表示非常幸福，用数字1—5五个序数表示幸福满意度从低到高依次递增。通过对CFPS2010年、2012年、2014年、2016年居民幸福水平进行描述性统计分析，得到上述四年家庭的幸福水平均值分别为3.747、3.287、3.778、3.623，也呈现出一定的波动趋势。通过与经济政策不确定性指数数据的对比不难发现，二者似乎存在着一定的反向变动关系。

四、变量的描述性统计

除本文所要重点研究的经济政策不确定性、家庭资产配置、幸福感等三种变量外，还应包含一系列控制变量的选取。根据已有的研究文献及结论（Guiso et al., 2003；史代敏和宋艳，2005；吴卫星等，2011；尹志超等，2014；周钦等，2015），结合CFPS数据库变量的设置及数据的可得性，本文选取的控制变量主要包括以下特征：性别、年龄、年龄的平方、婚姻状况、受教育年限、政治面貌、健康状况、户口类型、工作情况、社会参保状况、家庭收入及资产规模等。

具体来说，当受访家庭成员为男性时，本文将性别赋值为1，当其为女性时性别赋值为 0。大量的研究显示，年龄无论是对家庭资产配置还是幸福感均呈现出非线性的影响特征（Guiso et al., 2003；Shum & Faig, 2006；Stone et al., 2010），因此本文除了选取年龄作为控制变量外，另外选取年龄的平方除以 100 作为控制变量。为区别已婚家庭与未婚家庭，本文将已婚家庭定义为 1，将未婚家庭定义为 0。家庭成员受教育状况是影响家庭资产配置与幸福感的重要因素（史代敏和宋艳，2005；Cuñado & Gracia, 2012；尹志超等，2014），为衡量家庭成员的受教育水平，本文选取家庭成员的受教育年限作为变量。按照原数据库的划分，本文将家庭成员政治面貌特征分为党员和非党员，其中家庭成员为党员的取值为 1，非党员取值为 0。与幸福感的度量方式类似，家庭成员的健康状况采用自身评价打分的方式，由 1、2、3、4、5 分别表示"不健康""一般健康""比较健康""很健康""非常健康"。根据中国社会城乡二元分布的特征，结合我国的户籍分类，本文将家庭为城市户口取值为 1，农村户口取值为 0。就工作情况来说，我们将家庭成员拥有工作取值为 1，没有工作取值为 0。与工作情况类似，本文将家庭成员社会参保情况定义为是否参加医疗保险、养老保险、工伤保险、失业保险、生育保险等，当家庭成员参保定义为 1，没有参保定义为 0。家庭的收入与资产规模也是影响家庭资产配置和幸福感的重要因素（Guiso et al., 2000；Easterlin, 2010；李江一等，2015；吴卫星等，2015）。为度量家庭收入与资产的规模，本文以元为单位分别取二者的对数作为衡量家庭收入与资产规模的变量。根据变量的选取及本文所要研究的问题，通过使用 stata15 进行描述性统计得到 CFPS 各变量的结果如表 6-2 所示。

表 6-2　变量的描述性统计

变量名称	样本数量	均值	标准差	最小值	最大值
经济政策不确定性	55832	1.477	0.282	1.139	1.813
金融资产	52357	0.113	0.202	0	1
房屋资产	39522	0.577	0.331	0	1
生产经营资产	38565	0.029	0.100	0	1
耐用消费品资产	37713	0.095	0.171	0	1
幸福	47905	3.614	1.084	1	5
性别	49564	0.595	0.491	0	1

续表

变量名称	样本数量	均值	标准差	最小值	最大值
年龄	49690	51.019	14.03	16	110
年龄的平方	49690	27.998	14.742	2.56	121
婚姻状况	55822	0.771	0.420	0	1
受教育年限	48112	7.028	4.711	0	22
政治面貌	51394	0.113	0.316	0	1
健康状况	49680	3.147	1.316	1	5
户口类型	48812	0.301	0.459	0	1
工作情况	48334	0.618	0.486	0	1
社会参保状况	55608	0.912	0.283	0	1
家庭收入	50255	10.081	1.333	0	16.156
家庭资产	51681	11.927	1.551	0	18.199

通过观察不难看出，2010—2016 年样本期内中国经济政策不确定性指数的均值为 1.477，处于高位水准。样本中家庭金融资产、房屋资产、生产经营资产、耐用消费品资产等各资产在总资产中的比重反映了家庭资产配置的结构和数量，上述资产种类在家庭总资产中的比例分别为 11.3%、57.7%、2.9%、9.5%。房产在家庭总资产中比例最大，家庭金融资产与耐用消费品资产规模基本相当，略高于家庭耐用消费品资产，家庭生产经营资产规模比例相对较小。家庭收入与资产规模的对数分别为 10.081 和 11.927，家庭资产规模大于收入规模，这也比较符合家庭财富积累的规律。家庭的其它特征变量在本文第四章实证中已做过类似描述，在此不再重复阐述。

第三节 模型设定及估计

一、模型设定

根据本文所要研究的问题，经济政策不确定性作为一项宏观经济度量指标，对家庭资产配置及幸福感存在一定的影响，而家庭资产配置和幸福感作为微观家庭数据，且为众多微观经济个体的一种，因此其对经济政策不确定性的影响可忽略不计，因此本文主要将经济政策不确定性作为解释变量，将家庭资产配置与幸福感作为被解释变量；同时，为进一步研究经济政策不确定性背景下家庭资产配置对幸福感的影响，家庭资产配置的有关变量也可作为解释变量对幸福感进行解释。

由于被解释变量家庭资产配置为一个比例数值，在［0，1］之间，且为截断（censored）的，所以适合使用 Tobit 模型研究经济政策不确定性对家庭资产配置的影响。参见李凤羽和杨墨竹（2015）的做法，为避免可能存在的内生性问题，本文以经济政策不确定指数滞后一期 EPU_{t-1} 作为解释变量，Tobit 模型设定如下：

$$y_{i,t}^{*} = \alpha_0 + \alpha_1 EPU_{t-1} + \alpha_2 X_{i,t} + u_{i,t}$$

$$Y_{i,t} = \max(0, y_{i,t}^{*})$$

其中 y^{*} 表示家庭各种类资产在总资产中的比例大于 0 小于 1 的数值；EPU_{t-1} 表示上一年度的经济政策不确定指数；X 表示家庭的其他特征变量，包括影响家庭资产配置的一系列控制变量；$u \sim N(0, \sigma^2)$，为随机干扰项；i，t 分别表示某一家庭某一年度的变量。Y 表示家庭各种类资产占总资产的比例。

在研究家庭资产配置的影响的各项因素中，除本文所要重点研究的经济政策不确定性之外，还应重视其他因素对资产配置的影响效果。因本文主要研究经济政策对家庭资产配置的影响，因此将与家庭相关的其他特征变量作为控制变量，经济政策不确定性作为解释变量对家庭的资产配置进行研究。在选择关于家庭资产配置的有关变量时，为体现家庭资产配置的结构与数量，本文选取家庭各项资产在总资产中的比值作为被解释变量，以期更好地对家庭资产配置进行解释。

有序离散选择模型（Ordered Probit 模型）通常用于因变量有限且为自然排序的实证研究。设不可观测的变量，我们可以确定值大小所属区间，根据某种已知分布，将与所处区间概率相关联，利用各区间样本概率，通过最大似然估计获得与参数的估计。如前文所述，因本文被解释变量幸福感是序数离散型结构，且为 5 级有限个序数，参照以往文献中的研究方法及成果，采用 Ordered Probit 模型对所要研究的对象进行解释。模型可设定为：

$$y_i = \alpha_0 + \alpha_1 X_i + \alpha_2 Y_i + \varepsilon_i$$

$$y_i = 2, \beta_1 < y_i \leqslant \beta_2$$

$$y_i = 3, \beta_2 < y_i \leqslant \beta_3$$
$$y_i = 4, \beta_3 < y_i \leqslant \beta_4$$
$$y_i = 5, \beta_4 < y_i \leqslant \beta_5$$

其中，β_i，i=1，2，3，4，5 称作门限值或阈值；下标 i 表示第 i 个人；y_i 表示第 i 个人的主观幸福感，用 1–5 五个级别数字表示；X_i 表示第 i 个人的个体控制变量；Y_i 表示经济政策不确定性或家庭资产配置的各种解释变量；ε_i 表示其他各种随机扰动项。

"忽视变量"理论认为，除资产配置等经济因素之外，非收入因素如性别、年龄、婚姻、教育、健康等也会对个人的幸福感有较大影响，忽视这些因素，会引发一些内生性问题，从而对资产配置等经济因素的估计产生偏误（田国强、杨立岩，2006；李江一等，2015）。特别是近些年关于行为经济学的一些理论研究成果表明，个体的经济行为并非完全出于理性，会受到多种因素的影响，个体的主观感受也受到多方面因素的影响（Thaler，2016）[1]。在研究幸福感的影响因素中，除了研究资产配置等经济因素之外，还应重视非经济因素对幸福的影响效果。因本文主要研究经济政策不确定性背景下家庭资产配置对居民幸福感的影响，因此将其他经济因素与个体特征等非经济因素作为控制变量，将与经济因素有关的资产配置因素作为解释变量对居民的幸福感进行研究。

二、估计结果及分析

目前学界对于经济政策不确定性与幸福感关系的研究尚未有人讨论，李后建（2014）从不同的保险类型入手讨论了不确定性防范对于主观幸福感的影响，解释变量医疗保险、养老保险、工伤保险、失业保险及不确定性防范指数均为微观经济变量，而本文选取的经济政策不确定性作为一项宏观综合经济指标，研究其对幸福感的影响就显得更有意义，对相关领域研究也具有较好的补充。经济政策不确定性对居民幸福感的影响可从以下两方面进行考虑。一方面是经济政策不确定性可能会对家庭未来的预期产生影响，而预期可以进一步对幸福感产生作用（李磊和刘斌，2012）[2]；另一方面，经济政策不

---

① Thaler 因其对行为经济学的特殊贡献，于 2017 年被授予诺贝尔经济学奖。
② 预期是经济金融学中重要的概念，对人们的经济行为具有重要的影响。

确定性通过改变家庭的资产结构即资产配置行为影响居民幸福感。为进一步讨论这种影响机制，本文分别从这两种路径进行考虑。

关于预期有关的变量，根据原数据库的设定，本文选取以下数据作为中介变量：CFPS 问卷设计中"您对自己未来的信心程度？"与幸福的度量方式类似，由数字 1 至 5 分别表示"很没信心"向"很有信心"递进，可用此变量作为家庭对于未来预期的衡量方式。①而关于家庭资产配置有关变量的选取，则依然可以延续上文中已使用过的家庭金融资产、房屋资产、生产经营资产、耐用消费品资产在总资产中的比重作为中介变量。根据中介变量的设置，可得到估计结果见表 6–3 和表 6–4。

表 6–3　经济政策不确定性对幸福感影响的模型回归结果

变量名称	（1）	（2）	（3）	（4）	（5）	（6）	（7）
	幸福						
经济政策不确定性	−0.424*** （0.020）	−0.437*** （0.020）	−0.450*** （0.022）	−0.448*** （0.022）	−0.440*** （0.022）	−0.416*** （0.020）	−0.324*** （0.024）
金融资产		0.206*** （0.029）					0.214*** （0.045）
房屋资产			−0.114*** （0.023）				0.025 （0.037）
生产经营资产				0.123* （0.068）			−0.024 （0.075）
耐用消费品资产					0.447*** （0.047）		0.262*** （0.056）
预期						0.495*** （0.007）	0.557*** （0.009）
控制变量	控制	控制	控制	控制	控制	控制	控制
省份固定效应	有	有	有	有	有	有	有
样本量	39509	39402	30404	29287	29243	39368	25756
Pseudo R^2	0.0422	0.0427	0.0458	0.0433	0.0444	0.1191	0.1362

注：括号内为标准误差，"***""**""*"分别表示在 1%、5%、10% 的显著水平。

---

① 因原数据库无其他方面关于预期的问卷设计，因此此处仅考察了这一变量。

由于被解释变量幸福是序数的形式，因此在此同样采用 Ordered Probit 模型进行回归。表6–3第（1）列报告了未加入各种中介变量时经济政策不确定性对居民幸福感的影响，在控制了其他变量和省级固定效应之后，通过回归可以看出，经济政策不确定性能够显著降低家庭的幸福感水平。第（2）列至第（6）列分别显示了加入家庭资产配置和期望水平的变量后经济政策不确定性对居民幸福感的影响。为避免遗漏变量对模型估计产生的偏误，第（7）列将上述中介变量与经济政策不确定性同时考虑在内，结果显示，经济政策不确定性对居民幸福感的影响同样显著为负，从而证明了此结论的稳健性和可靠性；而经济政策不确定性条件下金融资产、耐用消费品资产、预期等中介变量对居民幸福感影响仍然显著，而房屋资产、家庭生产经营资产对幸福感并无显著影响。

（一）基于资产配置渠道的影响

经济政策不确定条件下，家庭金融资产和耐用消费品资产在总资产比例的升高能够显著提升家庭的幸福感水平；房屋资产和生产经营资产虽然在一定程度上对幸福感具有促进作用，但影响并不显著。家庭金融资产是家庭财富的重要组成部分，由于我国金融机构及市场起步及发展较晚，加之中国传统文化的影响，家庭金融资产结构主要以现金和储蓄型存款为主。经济政策不确定性意味着外界环境存在着一定的不确定性，市场中风险因素可能增多，持有金融资产不仅给家庭带来心理上的安全感，也可以用于购买日常生活用品满足家庭的生活需要，还可以随时应对各种不时之需；此外，家庭金融资产是家庭社会财富和地位的重要象征，因此家庭金融资产在总资产中比例的升高能够显著提升家庭的幸福感。与家庭金融资产不同，家庭耐用消费品更多地体现为消费品的属性，是家庭参与消费的直接结果和产物。消费满足了人们对于商品或服务的评价，提高了家庭的效用水平（Dutt，2006；王艳萍，2017），消费的绝对值和相对值都会显著提高居民的幸福感（Wang et al.，2015；胡荣华和孙计领，2015）。耐用消费品资产不仅满足了家庭的效用水平，而且与金融资产相比，金融资产大多储存在银行等金融机构，耐用消费品则常常"触手可得"，因此经济政策不确定条件下耐用消费品资产在家庭总资产中份额的增加对居民幸福感具有显著的促进作用，且这种正向影响大于家庭金融资产。

家庭房屋资产占据了家庭总资产中最大的份额，与其他资产相比，房屋资产占用资金量大，交易周期长，不具有较好的流动性，是典型的不动产。房屋资产满足了家庭的居住需求，有研究显示，拥有房屋产权的家庭比租房者具备更高的幸福水平（Bucchianeri，2009），拥有大产权房屋家庭较拥有小产权房屋居民幸福感水平更加显著（李涛等，2011）。还有一些研究结果表明，房屋的居住属性对家庭的幸福感提升作用较为显著，而房屋的资产属性不能明显提升家庭的幸福感水平（张翔等，2015）。这些研究从房屋性质等方面进行了考察，并未体现其在家庭资产中的结构。蔡锐帆等（2016）从房屋的功能出发，将房屋分为消费性住房和投资性住房，同时考察了二者在总资产中的比重对居民幸福的影响，结果发现消费性住房因其为家庭自住，且通常不能交易，占用资金量大，不能产生投资收益，因此显著降低居民的幸福感；而投资性住房可产生乐观的收益，变现相对容易，满足了家庭的效用水平，因此其比重的升高会显著提升居民幸福感水平。经济政策不确定条件下，市场中的房地产交易等经济活动明显减少（Gholipour，2019）。本文认为，因中国家庭大多房屋为自住，房屋虽然满足了家庭的居住要求，但占用了家庭大量的资金，不具有较好的变现能力，且自住房屋较少用于交易产生收益（蔡锐帆等，2016）。因此，在经济政策不确定条件下，房屋资产在家庭总资产中比例的升高虽然在一定程度上提升了家庭的幸福感水平，但这种作用较小，因此从回归结果来看并不显著。

家庭生产经营资产更多的与家庭的生产经营活动相结合，回报率相对较高，一般收益也比较稳定，能为家庭带来稳定的现金流（李涛和陈斌开，2014），这部分资金既可用于储蓄、购置房产和耐用消费品等，也可用于继续投入生产经营活动，因此可以提升居民的幸福感水平。家庭生产经营资产虽然在经济运行较为稳定的情况下带来稳定的收益，但当经济政策存在着较大的不确定性时，受制于外部经济环境及产业政策的影响，存在着生产经营风险，可能遭受一定的损失。根据前景理论，一般家庭对于损失的反应往往大于同等规模的收益（Kahneman & Tversky，1979；蔡锐帆等，2016），因此经济政策不确定条件下其对家庭的幸福感水平的影响是负向的。由于经济政策不确定条件下家庭经营资产取得收益或亏损是不确定的，因此这种影响并不显著。

（二）基于预期渠道的影响

预期是经济学中重要的概念。尽管本文仅选取了一个变量作为衡量家庭对于未来预期水平的指标，但通过对已有的文献进行整理后不难发现，家庭成员的各种预期是普遍联系且高度相关的，尽管家庭的预期来源于多个方面，包括收入、资产、工作、社会地位、居住条件等（赵新宇等 2013；卢燕平和杨爽，2016；Tsui，2014），但各种预期普遍反映了家庭对于未来持有积极或消极两个方向的态度（李磊和刘斌，2012）。目前学界普遍持有的观点及研究成果表明，积极向上的预期对居民的幸福感具有显著的提升作用，而消极落后的预期则会显著降低居民的主观幸福感水平（Wu，2009；岳经纶和张虎平，2018）。家庭会根据自身以往的生活经历及未来期望有意识地或不自觉地产生对社会及个人未来的一种主观评价，这种评价会对家庭成员的心理及行为产生影响（王俊秀，2017），从而对家庭的主观幸福感产生影响。预期可能比家庭的实际情况更能影响居民的主观幸福感水平（Kreidl，2000），具有乐观心态的家庭通常幸福感水平更高。不仅如此，积极向上的预期也促进了家庭对于社会制度的支持，保持了社会局面的稳定（Wu，2009），而社会稳定也增加了家庭的幸福水平。从回归结果来看，经济政策不确定条件下，家庭成员对于未来积极的信心程度（即正向的预期）能够显著提升居民的主观幸福感水平。这一结果也与现有的文献结论相吻合。但由于本文要考察经济政策不确定性通过预期对居民幸福感的影响，这一结果还要视经济政策不确定性对预期的影响而定。

对控制因素而言，采用与本文第五章实证部分研究家庭资产配置对居民幸福感影响相同的控制变量，得到的回归结果与之前基本相同。由于论文第五章已对其进行了分析，因此不再重复进行讨论。

（三）经济政策不确定性对中介变量的影响

表 6-4 讨论了经济政策不确定性对于家庭资产配置及预期等中介变量的影响，控制变量的选取与论文第四章实证部分一致。其中（1）至（4）列在表 4-4 中已经讨论，第（5）列讨论了经济政策不确定性对中介变量预期的影响，可采用与（1）至（4）列使用的 Tobit 模型所不同的 Ordered Probit 模型进行回归，回归结果表明经济政策不确定性对家庭成员未来的预期有显著的

抑制作用。自此可以得出结论，经济政策不确定性显著降低了家庭的幸福感水平，经济政策不确定性背景下，家庭通过提高金融资产在总资产中的比例在一定程度上显著缓解了这种负向冲击，但家庭消费品资产份额的下降及对未来预期水平的降低则明显减少了家庭的幸福感水平。由于经济政策不确定条件下家庭房屋资产与生产经营资产在家庭总资产中比重的变化对居民幸福感的影响并不显著，因此尽管经济政策不确定性对上述资产比例变化具有显著的影响，但其通过房屋资产和生产经营资产在家庭总资产重比例的变化对居民幸福感无显著影响。

表 6-4 经济政策不确定性对中介变量影响的模型回归结果

变量名称	（1） 金融资产	（2） 房屋资产	（3） 生产经营资产	（4） 耐用消费品资产	（5） 预期
经济政策不确定性	0.195*** （0.005）	0.019*** （0.006）	0.008* （0.005）	−0.024*** （0.003）	−0.119*** （0.020）
控制变量	控制	控制	控制	控制	控制
省份固定效应	有	有	有	有	有
常数项	0.002 （0.026）	−1.052*** （0.037）	−0.511*** （0.033）	0.790*** （0.018）	
样本量	40555	31233	30038	29991	39885
Pseudo R^2	0.2190	0.3425	0.2554	0.3336	0.0274

注：括号内为标准误差，"***""**""*"分别表示在 1%、5%、10% 的显著水平。

第四节 异质性分析

为进一步研究不同群体及个体间经济政策不确定性对居民幸福感的影响，本文分别将家庭成员按照性别、婚姻状况、户口类型、年龄结构分为受访家庭成员为女性和男性家庭，未婚和已婚家庭，农村和城镇家庭，青年、中年和老年家庭。根据联合国卫生组织的划分，青年家庭年龄 ≤ 44 周岁，45 周岁 ≤ 中年家庭 ≤ 59 周岁，老年家庭 ≥ 60 周岁。因衡量幸福感水平为序数形式，因此采用 Ordered Probit 模型进行估计，得到的结果如表 6-5 所示。

表 6-5　经济政策不确定性对幸福感影响的异质性分析

变量名称	（1）	（2）	（3）	（4）	（5）	（6）	（7）	（8）	（9）
	幸福								
	女性	男性	未婚	已婚	农村	城镇	青年	中年	老年
经济政策不确定性	-0.408***	-0.436***	-0.065	-0.478***	-0.399***	-0.484***	-0.634***	-0.448***	-0.192***
	（0.032）	（0.026）	（0.058）	（0.022）	（0.024）	（0.037）	（0.037）	（0.033）	（0.037）
控制变量	控制	控制	控制	控制	控制	控制	控制	控制	控制
省份固定效应	有	有	有	有	有	有	有	有	有
样本量	16067	23442	4743	34766	27166	12343	13191	15290	11028
Pseudo R^2	0.0394	0.0460	0.0561	0.0398	0.0374	0.0571	0.0467	0.0441	0.0392

注：括号内为标准误差，"***""**""*"分别表示在1%、5%、10%的显著水平。

从回归结果来看，除未婚家庭外，经济政策不确定性对不同特征类型家庭的幸福感水平均具有显著的抑制作用，其中受访成员为男性家庭较受访成员为女性家庭、已婚家庭较未婚家庭、城镇家庭较农村家庭在经济政策不确定性增加时幸福感水平下降更多；在年龄结构层面，经济政策不确定性条件下青年居民幸福感水平下降程度更大，中年家庭次之，老年家庭下降程度略小。经济政策不确定性条件下，受访成员为男性家庭、已婚家庭、城镇家庭、青年家庭对未来的乐观程度可能存在着更低水平的预期；此外，这些特征类型的家庭还可能通过资产配置的渠道调整家庭的资产结构种类及数量，最终导致幸福感水平下降增多。对于未婚家庭而言，因个人不需承担像已婚家庭那么大的社会责任与家庭义务，而且家庭资产结构相对简单，所以经济政策不确定性对其幸福感虽然具有一定的负向影响，但结果并不显著。

第五节　稳健性检验

为检验模型及回归结果是否稳健，我们采用以下两方面进行检验。一是尝试剔除或增加某些控制变量，发现估计结果与原结果并未发生太大差别。二是用普通最小二乘法（OLS）模型分别对设定的模型及有关变量重新进行估计，也得到与原先估计相似的回归结果，回归结果见表6-6。从检验的回归结果可以看出，经济政策不确定性与居民幸福感的关系与表6-3得到的结果结论一致，从而证明本模型的稳定性及回归结果的可靠性。

表 6-6　经济政策不确定性对幸福感影响的稳健性检验

变量名称	（1）	（2）	（3）	（4）	（5）	（6）	（7）
	幸福						
经济政策不确定性	-0.405***	-0.418***	-0.421***	-0.425***	-0.417***	-0.353***	-0.264***
	（0.019）	（0.019）	（0.020）	（0.020）	（0.020）	（0.017）	（0.019）
金融资产		0.203***					0.179***
		（0.028）					（0.037）
房屋资产			-0.111***				0.019
			（0.021）				（0.030）
生产经营资产				0.118*			-0.015
				（0.064）			（0.062）
耐用消费品资产					0.422***		0.211***
					（0.044）		（0.045）
预期						0.420***	0.460***
						（0.005）	（0.006）
控制变量	控制	控制	控制	控制	控制	控制	控制
省份固定效应	有	有	有	有	有	有	有
常数项	2.254***	2.167***	1.971***	1.982***	1.649***	1.173***	0.307**
	（0.109）	（0.111）	（0.125）	（0.126）	（0.130）	（0.097）	（0.123）
样本量	39509	39402	30404	29287	29243	39368	25756
R^2	0.1144	0.1156	0.1225	0.1166	0.1193	0.2887	0.3224

注：括号内为标准误差，"***""**""*"分别表示在 1%、5%、10% 的显著水平。

在研究经济政策不确定性与居民幸福感的关系时，因本文采用经济政策不确定指数的滞后期作为解释变量，这就在一定程度上避免了经济政策不确定性对居民幸福感的估计可能存在的内生性问题；而且经济政策不确定性指数属于宏观变量，居民的幸福感属于微观经济活动及心理感知，微观经济主体种类及数量众多，单个家庭对宏观经济政策指数的影响可忽略不计，从而能够较好地避免内生性问题。

本章小结

本章从经济政策不确定性与居民幸福感入手，不仅研究了经济政策不确定性对居民幸福感的影响，并进一步探索了经济政策不确定性通过家庭资产配置与预期的渠道对幸福感影响的效果。根据研究的对象及所要讨论的问题，选取 Baker et al.（2016）构建的中国经济不确定性指数作为经济政策不确定性的解释变量，CFPS2010–2016 年微观家庭数据库家庭金融资产、房屋资产、生产经营资产、耐用消费品资产在总资产中的比例作为家庭资产配置的变量，家庭对自身幸福感评价的分值作为衡量幸福感的变量进行讨论，建立 Tobit 模型及 Ordered Probit 模型进行回归，并利用 OLS 模型对估计结果进行了检验，使用滞后期的解释变量避免了可能存在的内生性问题。研究结果发现：经济政策不确定性显著降低了家庭的幸福感水平，经济政策不确定性背景下，家庭通过提高金融资产在总资产中的比例在一定程度上显著缓解了这种负向冲击，但家庭消费品资产份额的下降及对未来预期水平的降低则明显减少了家庭的幸福感水平；此外，经济政策不确定性通过房屋资产和生产经营资产对居民幸福感的影响并不显著。研究结论不仅为家庭资产配置结构有所启示，也为研究经济政策不确定性条件下家庭的资产选择行为及幸福感水平提供了新的实证依据，并进一步为政府、社会经济机构、家庭等制定经济政策、提供经济服务、选择经济行为有所借鉴。

研究结论、政策建议及展望

一、研究结论

经济政策不确定性是近几年学术研究的热点，目前关于经济政策不确定性的研究大多集中在其对宏观经济指标及微观企业及金融机构层面，对于家庭影响的研究相对较少。家庭金融作为金融学新的分支，近年来得到了学界大量的关注，也涌现出了较多的成果。本文从经济政策不确定性、家庭资产配置与幸福感入手，不仅研究了经济政策不确定性对家庭资产配置、家庭资产配置对幸福感的影响，还讨论了经济政策不确定性条件下家庭资产配置对幸福感产生的作用，并进一步从理论和实证层面探讨了其内在的作用机制及传导渠道，得到的结论主要如下：

（一）经济政策不确定性对家庭资产配置的影响

本文采用中国经济政策不确定指数（EPU）及北京大学 CFPS 2010–2016 年家庭微观面板数据库，对经济政策不确定性影响家庭金融市场参与的行为进行了研究。研究结果发现：经济政策不确定性增加降低了家庭参与金融市场的概率，家庭出于预防性动机会显著降低风险资产在家庭金融资产中的比重。进一步研究表明，男性居民较女性居民、未婚家庭较已婚家庭、城镇家庭较农村家庭的金融市场参与行为对其反应更为敏感，参与金融市场的可能性及金融参与深度呈现出更大程度的下降趋势。此外，经济政策不确定性能够显著增加家庭金融资产、房屋资产、生产经营资产在家庭总资产中的比重，而对于家庭耐用消费品资产而言经济政策不确定性对其具有显著的抑制作用。

（二）家庭资产配置与居民幸福感的关系

在研究家庭资产配置对幸福感的影响时，本文采用 CFPS2010–2016、CHFS2011–2013、CHIP2013 等多个数据库对家庭的资产与负债结构进行考察，研究家庭资产配置对居民幸福感的影响。结果显示，相对于收入来说，家庭资产显著提高了居民的主观幸福感，家庭负债对居民的幸福感具有明显的抑制作用；居民的主观幸福感随家庭杠杆水平的上升显著下降。进一步研究表明，就家庭资产而言，相对于收入来说房屋资产对幸福感影响较小，土地会显著降低居民幸福感，耐用消费品、金融资产、生产经营资产等会提高居民的幸福感；至于家庭负债，家庭拥有房屋负债显著提升了居民的幸福感水平，而拥有金融负债的对居民的主观幸福感具有显著的抑制作用。家庭房屋及生活负债规模相对于收入和资产来说都会降低居民的幸福感，汽车等耐用消费品债务则会提高居民幸福感。家庭财产性收入、工资性收入、转移性收入、经营性收入在家庭总收入中比重的增大对居民幸福感的提升作用依次减弱。此外，家庭资产配置还会通过消费渠道与"攀比效应"两种机制影响居民的幸福感。家庭拥有房屋负债通过增加财产性收入提高了居民的幸福感，通过减少经营性收入一定程度上减少了房屋负债对于居民幸福感的提升作用；而家庭拥有金融负债对财产性收入影响不大，主要通过增加经营性收入一定程度上缓解了金融负债对于居民幸福感的抑制作用。

（三）经济政策不确定性条件下的居民幸福感

关于经济政策不确定性与居民幸福感关系的研究发现，经济政策不确定性显著降低了家庭的幸福感水平，经济政策不确定性背景下，家庭通过提高金融资产在总资产中的比例在一定程度上显著缓解了这种负向冲击，但家庭消费品资产份额的下降及对未来预期水平的降低则明显减少了家庭的幸福感水平。此外，经济政策不确定性通过房屋资产和生产经营资产对居民幸福感的影响并不显著。研究结论不仅为家庭资产配置结构有所启示，也为研究经济政策不确定性条件下家庭的资产选择行为及幸福感水平提供了新的实证依据，并进一步为政府、社会经济机构、家庭制定经济政策、提供经济服务、选择经济行为有所借鉴。

二、政策建议

根据文章的研究结论，本文得到以下政策建议：首先，就家庭来说，家庭在进行资产配置时，不仅要关注国家经济政策的变化，但也要根据外部经济环境、自身的财产状况及金融市场的走势理性分析，合理调配家庭各项金融资产的比例；适度使用杠杆，但也要避免过高使用杠杆；在参与金融市场活动时，家庭也应注重学习各种投资与理财知识，避免盲目操作造成较大损失。中国家庭普遍具有储蓄的良好习惯，在财富积累的过程中，应合理配置家庭财产在不动产、耐用消费品、投资经营等方面的比例，避免持有过大的不动产规模；在资产保值增值的同时，提倡适度消费，保持良好的消费习惯，减少盲目消费及购置不动产过度负债，不能一味的进行攀比，应该将更多的资金用于提高家庭生活消费水平及投资经营等方面，使个人的幸福水平能够随着家庭资产结构的改变更多的受益。家庭在日常经济活动中除应顺应经济政策形势调整自身资产配置外，还应保持清醒的头脑和冷静的判断，理清政府制定经济政策不确定性目的及潜在的含义，不能盲目地"跟风操作"，也不能"无动于衷"，从而保持合理的家庭资产结构，在获得经济收益及满足生活需要的同时也能充分享有经济进步与社会发展所带来的幸福感。

其次，就政府而言，在制定各项经济政策时，政府应尽量保持政策的一致性和连续性，减少因频繁更改经济政策所向市场释放出的错误"信号"对家庭的金融市场参与行为产生的误导；短期对经济适度的调整固然需要，但长期的经济方针政策需要进行科学合理的规划，建立稳定的长效机制，以保持宏观经济的平稳运行及微观市场经济活动的有序进行。应积极调控房地产市场的稳步发展，严厉打击不动产的恶意炒作行为。拓宽居民消费与投资渠道，积极引导家庭用于各种资产配置的有效比例，一方面可以提高国内消费水平为经济内生性增长提供动力，另一方面也可以将社会资源的充分有效利用与提升居民的幸福感实现有效的融合。政府作为宏观经济运行的监测者及重要干预者，在制定各种经济政策时，应尽量保持政策的连续性及稳定性，避免短期频繁的更改经济政策，"朝令夕改"，从而向市场释放出大量经济政策不确定性"信号"，影响家庭经济主体对自身资产结构数量的调整及未来预期的变化，从而降低家庭的幸福感水平。当然，在极端环境下，政府"看得见的手"对经济运行过程中存在的弊端进行及时纠正确实很有必要，当从长期来说应当建立长效机制，加强风险防控措施，提高各项经济政策的透明度，综合使用货币政策和财政政策，防止对经济的过度刺激，维持经济政策的连贯性。

最后，就社会企业和机构来讲，应不断丰富完善金融产品种类和质量，为家庭提供更多更好的金融产品选择，审慎管控金融风险，保障家庭的资金安全与收益；及时向社会公众发布政府经济政策的正确解读，做好股票、基金、期货等高风险类资产的知识普及，避免家庭因经济政策的改变盲目改变投资策略产生较大亏损，使家庭的投资组合及财富管理水平随金融行业的发展更多地受益。应根据家庭消费偏好及需求不断增加产品种类，为家庭提供更多的消费及投资选择，适时为家庭提供方便快捷的小额低息贷款，避免不动产市场的过度宣传及炒作，使居民的幸福感随着经济社会的发展及消费水平的提高获得更多的提升，以期不断满足人民日益增长的对美好生活的需要。在向家庭提供经济服务的同时也应密切关注政府制定的各项经济政策；除了根据经济政策及时调整产业结构和更优质的产品与服务外，也应适时向家庭提供这些政策的正确解读，避免家庭因对经济政策不确定性的曲解或误判对自身资产配置行为产生较大的影响，承受一定的经济损失，也会对居民幸福感产生负面作用。

三、研究展望

本文主要采用中国家庭的微观调查数据研究了经济政策不确定性、家庭资产配置与幸福感的关系。近年来，随着家庭金融研究领域的兴起与深入，学者们纷纷将研究的视角聚焦于此，但长期以来受限于家庭各项数据的缺乏，这一学术研究领域还处在发展阶段。本文虽然研究了宏观经济政策对微观家庭资产配置和幸福感、家庭资产配置对幸福感的影响，取得了一些成果，但还存在着一些值得拓展的空间。

第一，本文主要研究对象为中国家庭，受经济发展水平、生存环境及文化等差异的影响，世界各国的家庭资产配置和幸福感必然存在一定的差异，因此值得下一步进行对比研究，以揭示其内在的原因。

第二，目前家庭金融的数据大多以微观数据为主，宏观数据较为缺乏。随着社会统计水平的提高和统计项目的增多，家庭的宏观数据的不断丰富也将推动这一领域的研究更多的使用宏观数据，同时在研究过程中使用多种宏观计量方法对其展开研究。

参考文献

［1］蔡锐帆，徐淑一，郭新雪，陈平.家庭资产配置与中国居民的幸福感——基于 CHFS 数据调查的研究［J］.金融学季刊，2016（4）：1–30.

［2］陈国进，王少谦.经济政策不确定性如何影响企业投资行为［J］.财贸经济，2016（05）：5–21.

［3］陈强，叶阿忠.股市收益、收益波动与中国城镇居民消费行为［J］.经济学（季刊），2009，8（03）：995–1012.

［4］陈炜，郭国庆，陈凤超.消费类型影响幸福感的实验研究述评与启示［J］.管理评论，2014，26（12）：45–55.

［5］陈永伟.关于"幸福悖论"研究的若干争议［J］.经济学动态，2016（6）：132–140.

［6］陈钊，徐彤，刘晓峰.户籍身份、示范效应与居民幸福感：来自上海和深圳社区的证据［J］.世界经济，2012，35（04）：79–101.

［7］丁际刚，兰肇华.前景理论述评［J］.经济学动态，2002（9）：64–66.

［8］甘犁，赵乃宝，孙永智.收入不平等、流动性约束与中国家庭储蓄率［J］.经济研究，2018，53（12）：34–50.

［9］顾夏铭，陈勇民，潘士远.经济政策不确定性与创新——基于我国上市公司的实证分析［J］.经济研究，2018，53（02）：109–123.

［10］韩洁.我国城镇家庭生命周期资产组合选择行为的动态模拟［D］.复旦大学，2008.

［11］杭斌.人情支出与城镇居民家庭消费——基于地位寻求的实证分析［J］.统计研究，2015，32（4）：68–76.

［12］杭斌，申春兰.潜在流动性约束与预防性储蓄行为——理论框架及实证研究［J］.管理世界，2005（09）：28–35+58.

［13］郝威亚，魏玮，温军.经济政策不确定性如何影响企业创新？——实物期权理论作用机制的视角［J］.经济管理，2016，38（10）：40–54.

［14］何强.攀比效应、棘轮效应和非物质因素：对幸福悖论的一种规范解释［J］.世界经济，2011，34（07）：148–160.

［15］黄宁，郭平.经济政策不确定性对宏观经济的影响及其区域差异——基于省级面板数据的 PVAR 模型分析［J］.财经科学，2015（06）：61–70.

［16］胡洪曙，鲁元平.公共支出与农民主观幸福感——基于 CGSS 数据的实证分析［J］.财

贸经济，2012（10）：23–33.

［17］胡荣华，孙计领.消费能使我们幸福吗［J］.统计研究，2015，32（12）：69–75.

［18］胡永刚，郭长林.股票财富、信号传递与中国城镇居民消费［J］.经济研究，2012，47（03）：115–126.

［19］金雪军，钟意，王义中.政策不确定性的宏观经济后果［J］.经济理论与经济管理，2014（02）：17–26.

［20］孔东民.前景理论、流动性约束与消费行为的不对称——以我国城镇居民为例［J］.数量经济技术经济研究，2005（04）：135–143.

［21］蓝嘉俊，杜鹏程，吴泓苇.家庭人口结构与风险资产选择——基于2013年CHFS的实证研究［J］.国际金融研究，2018（11）：87–96.

［22］雷晓燕，周月刚.中国家庭的资产组合选择：健康状况与风险偏好［J］.金融研究，2010（1）：31–45.

［23］李凤羽，史永东.经济政策不确定性与企业现金持有策略——基于中国经济政策不确定指数的实证研究［J］.管理科学学报，2016，19（6）：157–170.

［24］李凤羽，史永东，杨墨竹.经济政策不确定性影响基金资产配置策略吗？——基于中国经济政策不确定指数的实证研究［J］.证券市场导报，2015（5）：52–59.

［25］李凤羽，杨墨竹.经济政策不确定性会抑制企业投资吗？——基于中国经济政策不确定指数的实证研究［J］.金融研究，2015（4）：115–129.

［26］李后建.不确定性防范与城市务工人员主观幸福感：基于反事实框架的研究［J］.社会，2014，34（2）：140–165.

［27］李江一，李涵，甘犁.家庭资产–负债与幸福感："幸福–收入"之谜的一个解释［J］.南开经济研究，2015（5）：3–23.

［28］李磊，刘斌.预期对我国城镇居民主观幸福感的影响［J］.南开经济研究，2012（4）：53–67.

［29］李清彬，李博.中国居民幸福–收入门限研究——基于CGSS2006的微观数据［J］.数量经济技术经济研究，2013，30（03）：36–52.

［30］李涛.社会互动、信任与股市参与［J］.经济研究，2006（1）：34–45.

［31］李涛，陈斌开.家庭固定资产、财富效应与居民消费：来自中国城镇家庭的经验证据［J］.经济研究，2014（3）：62–75.

［32］李涛，史宇鹏，陈斌开.住房与幸福：幸福经济学视角下的中国城镇居民住房问题［J］.经济研究，2011（9）：69–82.

［33］李仲飞，姚海祥.不确定退出时间和随机市场环境下风险资产的动态投资组合选择［J］.系统工程理论与实践，2014，34（11）：2737–2747.

［34］刘逢雨，赵宇亮，何富美.经济政策不确定性与家庭资产配置［J］.金融经济学研究，2019，34（04）：98–109.

［35］刘宏，明瀚翔，赵阳.财富对主观幸福感的影响研究——基于微观数据的实证分析

[J].南开经济研究，2013（4）：95-110.

［36］刘军强，熊谋林，苏阳.经济增长时期的国民幸福感——基于CGSS数据的追踪研究
［J］.中国社会科学，2012，（12）：82-102.

［37］李心丹，肖斌卿，俞红海，等.家庭金融研究综述［J］.管理科学学报，2011，14（4）：
74-85.

［38］连玉君，苏治.融资约束、不确定性与上市公司投资效率［J］.管理评论，2009，21
（01）：19-26.

［39］廖婧琳.婚姻状况与居民金融投资偏好［J］.南方金融，2017（11）：27-36.

［40］刘波，李志生，王泓力，杨金强.现金流不确定性与企业创新［J］.经济研究，2017，
52（03）：166-180.

［41］刘成奎，刘彻.相对收入、预期收入与主观幸福感［J］.中南民族大学学报（人文社
会科学版），2018，38（06）：139-142.

［42］龙志和，周浩明.中国城镇居民预防性储蓄实证研究［J］.经济研究，2000（11）：
33-38+79.

［43］卢燕平，杨爽.社会地位流动性预期对居民主观幸福感的影响研究——来自CGSS
（2010、2013）数据的经验证据［J］.南京财经大学学报，2016（05）：89-96.

［44］罗楚亮.城乡分割、就业状况与主观幸福感差异［J］.经济学（季刊），2006（02）：
817-840.

［45］罗楚亮.经济转轨、不确定性与城镇居民消费行为［J］.经济研究，2004（4）：100-
106.

［46］孟亦卿，谢天.居所流动性的过去和未来——居所流动预期如何影响幸福感［J］.中
国社会心理学评论，2019（01）：89-113+201-202.

［47］潘敏，刘知琪.居民家庭"加杠杆"能促进消费吗？——来自中国家庭微观调查的经
验证据［J］.金融研究，2018（04）：71-87.

［48］彭俞超，韩珣，李建军.经济政策不确定性与企业金融化［J］.中国工业经济，2018
（01）：137-155.

［49］饶品贵，徐子慧.经济政策不确定性影响了企业高管变更吗？［J］.管理世界，2017
（01）：145-157.

［50］饶品贵，岳衡，姜国华.经济政策不确定性与企业投资行为研究［J］.世界经济，
2017，40（02）：27-51.

［51］申慧慧，于鹏，吴联生.国有股权、环境不确定性与投资效率［J］.经济研究，2012，
47（07）：113-126.

［52］史代敏，宋艳.居民家庭金融资产选择的实证研究［J］.统计研究，2005，22（10）：
43-49.

［53］宋瑞.时间、收入、休闲与生活满意度：基于结构方程模型的实证研究［J］.财贸经
济，2014（06）：100-110.

［54］孙计领，胡荣华.收入水平、消费压力与幸福感［J］.财贸研究，2017（02）：5-12.

［55］孙风，王玉华.中国居民消费行为研究［J］.统计研究，2001（04）：24-30.

［56］孙武军，林惠敏.金融排斥、社会互动和家庭资产配置［J］.中央财经大学学报，2018（3）：21-38.

［57］谭小芬，张文婧.经济政策不确定性影响企业投资的渠道分析［J］.世界经济，2017，40（12）：3-26.

［58］田国强，杨立岩.对"幸福—收入之谜"的一个解答［J］.经济研究，2006（11）：4-15.

［59］王朝阳，张雪兰，包慧娜.经济政策不确定性与企业资本结构动态调整及稳杠杆［J］.中国工业经济，2018（12）：134-151.

［60］汪浩瀚，唐绍祥.不确定性条件下中国城乡居民消费的流动性约束分析［J］.经济体制改革，2009（05）：54-57.

［61］王红建，李青原，邢斐.经济政策不确定性、现金持有水平及其市场价值［J］.金融研究，2014（09）：53-68.

［62］王珺，吴卫星.婚姻对家庭风险资产选择的影响［J］.南开经济研究，2014（3）：100-112.

［63］王俊秀.居民需求满足与社会预期［J］.江苏社会科学，2017（01）：67-74.

［64］王艳萍.幸福经济学研究新进展［J］.经济学动态，2017（10）：130-146.

［65］王义中，宋敏.宏观经济不确定性、资金需求与公司投资［J］.经济研究，2014，49（02）：4-17.

［66］魏先华，张越艳，吴卫星，肖帅.我国居民家庭金融资产配置影响因素研究［J］.管理评论，2014，26（07）：20-28.

［67］吴卫星，吕学梁.中国城镇家庭资产配置及国际比较——基于微观数据的分析［J］.国际金融研究，2013（10）：45-57.

［68］吴卫星，齐天翔.流动性、生命周期与投资组合相异性——中国投资者行为调查实证分析［J］.经济研究，2007（2）：97-110.

［69］吴卫星，丘艳春，张琳琬.中国居民家庭投资组合有效性：基于夏普率的研究［J］.世界经济，2015（1）：154-172.

［70］吴卫星，荣苹果，徐芊.健康与家庭资产选择［J］.经济研究，2011，46（S1）：43-54.

［71］吴卫星，邵旭方，陶利斌.家庭财富不平等会自我放大吗？——基于家庭财务杠杆的分析［J］.管理世界，2016（09）：44-54.

［72］吴卫星，沈涛，蒋涛.房产挤出了家庭配置的风险金融资产吗？——基于微观调查数据的实证分析［J］.科学决策，2014（11）：52-69

［73］吴卫星，王治政，吴锟.家庭金融研究综述——基于资产配置视角［J］.科学决策，2015（4）：69-94.

［74］吴卫星，吴锟，王琎.金融素养与家庭负债——基于中国居民家庭微观调查数据的分析［J］.经济研究，2018a，53（01）：97-109.

［75］吴卫星，吴锟，张旭阳.金融素养与家庭资产组合有效性［J］.国际金融研究，2018b（5）：66-75.

［76］邢占军.我国居民收入与幸福感关系的研究［J］.社会学研究，2011，25（01）：196-219.

［77］许志伟，王文甫.经济政策不确定性对宏观经济的影响——基于实证与理论的动态分析［J］.经济学（季刊），2019，18（01）：23-50.

［78］薛进军.合理预期理论述评［J］.世界经济，1987（10）：51-57.

［79］颜色，朱国钟."房奴效应"还是"财富效应"？——房价上涨对国民消费影响的一个理论分析［J］.管理世界，2013（03）：34-47.

［80］闫新华，杭斌.内、外部习惯形成及居民消费结构——基于中国农村居民的实证研究［J］.统计研究，2010，27（05）：32-40.

［81］尹志超，甘犁.中国住房改革对家庭耐用品消费的影响［J］.经济学（季刊），2010，9（01）：53-72.

［82］尹志超，宋全云，吴雨.金融知识、投资经验与家庭资产选择［J］.经济研究，2014（4）：62-75.

［83］尹志超，吴雨，甘犁.金融可得性、金融市场参与和家庭资产选择［J］.经济研究，2015（3）：87-99.

［84］喻开志，邹红.我国居民资产配置行为的随机模拟研究［J］.数理统计与管理，2010，29（1）：32-40.

［85］岳经纶，张虎平.收入不平等感知、预期与幸福感——基于2017年广东省福利态度调查数据的实证研究［J］.公共行政评论，2018，11（03）：100-119+211-212.

［86］臧旭恒，裴春霞.流动性约束理论与转轨时期的中国居民储蓄［J］.经济学动态，2002（02）：14-18.

［87］展舒.合理预期理论［J］.金融研究，1982（10）：62-64.

［88］张成思.预期理论的演进逻辑［J］.经济学动态，2017（07）：115-127.

［89］张成思，刘贯春.中国实业部门投融资决策机制研究——基于经济政策不确定性和融资约束异质性视角［J］.经济研究，2018，53（12）：51-67.

［90］张大永，曹红.家庭财富与消费：基于微观调查数据的分析［J］.经济研究，2012，47（S1）：53-65.

［91］张光利，钱先航，许进.经济政策不确定性能够影响企业现金持有行为吗？［J］.管理评论，2017，29（9）：15-27.

［92］张翔，李伦一，柴程森，马双.住房增加幸福：是投资属性还是居住属性？［J］.金融研究，2015（10）：17-31.

［93］张学志，才国伟.收入、价值观与居民幸福感——来自广东成人调查数据的经验证据

［J］.管理世界，2011（9）：63–73.

［94］张子豪，谭燕芝.社会保险与中国国民幸福感［J］.金融经济学研究，2018，33（03）：116–128.

［95］赵继光.合理预期学派简介［J］.经济学动态，1982（04）：62–65.

［96］赵新宇，范欣，姜扬.收入、预期与公众主观幸福感——基于中国问卷调查数据的实证研究［J］.经济学家，2013（09）：15–23.

［97］赵杨，张屹山，赵文胜.房地产市场与居民消费、经济增长之间的关系研究——基于1994–2011年房地产市场财富效应的实证分析［J］.经济科学，2011（06）：30–41.

［98］周钦，袁燕，臧文斌.医疗保险对中国城市和农村家庭资产选择的影响研究［J］.经济学（季刊），2015（3）：931–960.

［99］［美］坎贝尔，万斯勒.战略资产配置［M］.陈学彬等译.上海：上海财经大学出版社，2004，24–25.

［100］Agnew J，Balduzzi P，Sundén，Annika. Portfolio Choice and Trading in a Large 401（k）Plan［J］. American Economic Review，2003，93（1）：193–215.

［101］Alan S . Entry Costs and Stock Market Participation Over the Life Cycle［J］. Review of Economic Dynamics，2006，9（4）：588–611.

［102］Ando A，Modigliani F .The Life Cycle Hypothesis of Saving：Aggregate Implications and Tests［J］. American Economic Review，1963，53（1）：55–84.

［103］Antonakakis N，Chatziantoniou I，Filis G . Dynamic spillovers of oil price shocks and economic policy uncertainty［J］. Energy Economics，2014，44：433–447.

［104］Arouri M，Estay C，Rault C，et al. Economic policy uncertainty and stock markets：Long–run evidence from the US［J］. Finance Research Letters，2016：18：136–141.

［105］Asadullah M N，Xiao S，Yeoh E . Subjective well–being in China，2005‒2010：The role of relative income，gender，and location［J］. China Economic Review，2018（48）：83–101.

［106］Ashkanasy N M . International Happiness：A Multilevel Perspective［J］. Academy of Management Perspectives，2012，25（1）：23–29.

［107］Assadourian E.The rise and fall of consumer cultures［M］//State of the World 2010：Transforming Cultures. 2012.

［108］Atella V，Brunetti M，Maestas N. Household portfolio choices，health status and health care systems：A cross–country analysis based on SHARE［J］. Journal of banking & finance，2012，36（5）：1320–1335.

［109］Bairoliya N，Canning D，Miller R，et al. The macroeconomic and welfare implications of rural health insurance and pension reforms in China［J］. The Journal of the Economics of Ageing，2018，11：71–92.

［110］Baker S R，Bloom N，Davis S J. Measuring Economic Policy Uncertainty［J］. Quarterly

Journal of Economics, 2016, 131（4）: 1593-1636.

［111］Basu S, Bundick B. Uncertainty Shocks in a Model of Effective Demand［J］. Econometrica, 2017, 85（3）: 937-958.

［112］Bernanke B S . Irreversibility, Uncertainty, and Cyclical Investment［J］.Quarterly Journal of Economics, 1983, 98（1）: 85-106.

［113］Berger A N, Guedhami O, Kim H H, et al. Economic Policy Uncertainty and Bank Liquidity Hoarding［J］. Social Science Electronic Publishing, 2018.

［114］Berkowitz M K, Qiu J .A further look at household portfolio choice and health status［J］. Journal of Banking & Finance, 2006, 30（4）: 1201-1217.

［115］Bertaut C C . Equity Prices, Household Wealth, and Consumption Growth in Foreign Industrial Countries: Wealth Effects in the 1990s［J］. International Finance Discussion Papers, 2002, 131（1）: 305-321.

［116］Bertocchi G, Brunetti M, Torricelli C.Marriage and other risky assets: A portfolio approach［J］. Journal of Banking and Finance, 2011, 35（11）: 2902-2915.

［117］Blanchflower D G, Oswald A J . Happiness and the Human Development Index: The Paradox of Australia［J］. Australian Economic Review, 2005, 38（3）: 307-318.

［118］Bodie Z, Merton R C, Samuelson W . Labor Supply Flexibility and Portfolio Choice in a Life-Cycle Model［J］. Journal of Economic Dynamics and Control, 1992, 16（3-4）: 427-449.

［119］Bogan V L, Fertig A R. Portfolio Choice and Mental Health［J］. Review of Finance, 2013, 17（3）: 955-992.

［120］Bordo M D, Duca J V, Koch C. Economic Policy Uncertainty and the Credit Channel: Aggregate and Bank Level U.S. Evidence over Several Decades［J］. Journal of Financial Stability, 2016, 26: 90-106.

［121］Brockmann H, Delhey J, Welzel C, et al. The China Puzzle: Falling Happiness in a Rising Economy［J］. Journal of Happiness Studies, 2009, 10（4）: 387-405.

［122］Broer T. The home bias of the poor: Foreign asset portfolios across the wealth distribution ［J］. European Economic Review, 2017, 92: 74-91.

［123］Brogaard J, Detzel A L.The Asset Pricing Implications of Government Economic Policy Uncertainty［J］. Management Science, 2015, 61（1）: 3-18.

［124］Bucchianeri G W .The American Dream? The Private and External Benefits of Homeownership［J］. Working Paper, The Wharton School of Business, 2009.

［125］Camerer C F, Loewenstein G, Prelec D . Neuroeconomics: Why Economics Needs Brains ［J］. Scandinavian Journal of Economics, 2004, 106（3）: 555-579.

［126］Campbell J Y, Cocco J F.How do house prices affect consumption? Evidence from micro data ［J］.Journal of Monetary Economics, 2007, 54（3）: 591-621.

［127］Campbell J Y . Household Finance ［J］. The Journal of Finance, 2006, 61（4）: 1553–1604.

［128］Cao H H, Wang T, Zhang H H. Model Uncertainty, Limited Market Participation, and Asset Prices ［J］. The Review of Financial Studies, 2005, 18（4）: 1219–1251.

［129］Carroll, C. D.Buffer–Stock Saving and the Life Cycle/Permanent Income Hypothesis ［J］. The Quarterly Journal of Economics, 1997, 112（1）: 1–55.

［130］Cheng Z, King S P, Smyth R, et al. Housing Property Rights and Subjective Wellbeing in Urban China ［J］. European Journal of Political Economy, 2016, 45: 160–174.

［131］Chetty R, Sandor L, Szeidl A.The Effect of Housing on Portfolio Choice ［J］.Journal of Finance, 2017（3）: 1171–1212.

［132］ClarkAE, Frijters P, Shields MA. Relative income, happiness, and utility: An explanation for the Easterlin paradox and other puzzles ［J］. Journal of Economic Literature, 2008, 46（1）: 95–144.

［133］Cocco, J. F . Portfolio Choice in the Presence of Housing ［J］. Review of Financial Studies, 2005, 18（2）: 535–567.

［134］Cole H L, Mailath G J, Postlewaite A . Social Norms, Savings Behavior, and Growth ［J］. Journal of Political Economy, 1992, 100（6）: 1092–1125.

［135］Colombo V. Economic policy uncertainty in the US: Does it matter for the Euro area? ［J］. Economics Letters, 2013, 121（1）: 39–42.

［136］Cooper D H . U.S. U.S. Household Deleveraging: What Do the Aggregate and Household–Level Data Tell Us?［J］.Research Review, 2012, 18, 69–72.

［137］Cummins R A . Subjective Wellbeing, Homeostatically Protected Mood and Depression: A Synthesis ［J］. Journal of Happiness Studies, 2010, 11（1）: 1–17.

［138］Cuñado J, Gracia F P. Does Education Affect Happiness? Evidence for Spain ［J］. Social Indicators Research, 2012, 108（1）: 185–196.

［139］Dammon R M, Spatt C S, Zhang H H .Optimal Consumption and Investment with Capital Gains Taxes ［J］. Review of Financial Studies, 2001, 14（3）: 583–616.

［140］Davis M A, Palumbo M . A Primer on the Economics and Time Series Econometrics of Wealth Effects ［R］. Social Science Electronic Publishing, 2001（2001–09）.

［141］Deaton, A.Income, health and wellbeing around the world: evidence from the Gallup World Poll ［J］.Journal of Economic Perspectives, 2008, 22（2）: 53 – 72.

［142］Deleire T, Kalil A . Does consumption buy happiness? Evidence from the United States ［J］. International Review of Economics, 2010, 57（2）: 163–176.

［143］Diener E, Ryan K . Subjective Well–Being: A General Overview ［J］. South African Journal of Psychology, 2009, 39（4）: 391–406.

［144］Dietz R D, Haurin D R. The Social and Private Micro–Level Consequences of

Homeownership [J]. Journal of Urban Economics, 2003, 54 （3）: 401–450.

[145] Di Tella R, MacCulloch R. Some Uses of Happiness Data in Economics [J]. The Journal of Economic Perspectives, 2006, 20 （1）: 25–46.

[146] Dutt A K.Maturity, stagnation and consumer debt: A Steindlian approach [J]. Metroeconomica, 2006, 57 （3）: 339–364.

[147] Dynan K E . Is a Household Debt Overhang Holding Back Consumption? [J]. SSRN Electronic Journal, 2012.

[148] Dynan K, Edelberg W . The Relationship Between Leverage and Household Spending Behavior: Evidence from the 2007–2009 Survey of Consumer Finances [J]. Federal Reserve Bank of St. Louis Review, 2013, 95 （5）: 425–448.

[149] Dynan K E, Skinner J, Zeldes S P.Do the Rich Save More? [J].Journal of Political Economy, 2004, 112 （2）: 397–444.

[150] Easterlin R A.Does Economic Growth Improve the Human Lot? Some Empirical Evidence[J]. Nations & Households in Economic Growth, 1974, 89–125.

[151] Easterlin R A .Will raising the incomes of all increase the happiness of all? [J]. Journal of Economic Behavior & Organization, 1995, 27 （1）: 35–47.

[152] Easterlin R A . Diminishing Marginal Utility of Income? Caveat Emptor [J]. Social Indicators Research, 2005, 70 （3）: 243–255.

[153] Easterlin R A . Income and Happiness: Towards an Unified Theory. [J]. Economic Journal, 2010, 111 （473）: 465–484.

[154] Fama E F. Multiperiod Consumption—Investment Decision [J].American Economic Review, 1970, 60 （1）: 163–174.

[155] Fang L, Chen B, Yu H, et al. The importance of global economic policy uncertainty in predicting gold futures market volatility: A GARCH–MIDAS approach [J]. Journal of Futures Markets, 2018,, 38 （3）: 413–422.

[156] Flavin M, Yamashita T.Owner–Occupied Housing and the Composition of the Household Portfolio [J]. American Economic Review, 2002, 92 （1）: 345–362.

[157] Frederick S, Loewenstein G, O'Donoghue T . Time Discounting and Time Preference: A Critical Review [J]. Journal of Economic Literature, 2002, 40 （2）: 351–401.

[158] Friedman, Milton.A Theory of the Consumption Function [M]. Princeton University Press, 1957.

[159] Frey B S.Happiness: A Revolution in Economics, MIT Press.2010.

[160] Gao W, Smyth R . Job satisfaction and relative income in economic transition: Status or signal?: The case of urban China [J]. China Economic Review, 2010, 21 （3）: 442–455.

[161] Gholipour H F.The effects of economic policy and political uncertainties on economic

activities［J］. Research in International Business and Finance，2019，48：210–218.

［162］Gilbert D T，Pinel E C，Wilson T D，et al. Immune neglect：A source of durability bias in affective forecasting.［J］. Journal of Personality and Social Psychology，1998，75（3）：617–638.

［163］Gourinchas P O，Parker J A . Consumption Over the Life Cycle［J］. Econometrica，2002，70（1）：47–89.

［164］Guiso L，Haliassos M，Claessens J S . Household Stockholding in Europe：Where Do We Stand and Where Do We Go?［J］. Economic Policy，2003，18（36）：123–170.

［165］Guiso L，Haliassos M，Jappelli T. Household Portfolios：An International Comparison［J］. Csef Working Papers，2000.

［166］Guiso L，Jappelli T. Household portfolios in Italy［J］. Centre for Economic Policy Research，2000.

［167］Gulen H，Ion M. Political Uncertainty and Corporate Investment［J］. The Review of Financial Studies，2016，29（3）：523–546.

［168］Guven C.Reversing the question：Does happiness affect consumption and savings behavior?［J］. Journal of Economic Psychology，2012，33（4）：701–717.

［169］Hakansson N H . On Optimal Myopic Portfolio Policies，With and Without Serial Correlation of Yields.［J］. Stochastic Optimization Models in Finance，1971，44（3）：324–334.

［170］Hall，Robert E.Stochastic Implications of the Life Cycle–Permanent Income Hypothesis：Theory and Evidence［J］. Journal of Political Economy，1978，86（6）：971–987.

［171］Hassapis C，Haliassos M . Borrowing Constraints，Portfolio Choice，and Precautionary Motives：Theoretical Predictions and Empirical Complications［J］. Social Science Electronic Publishing，1998，74：185–212.

［172］He Z，Niu J. The effect of economic policy uncertainty on bank valuations［J］. Applied Economics Letters，2018，25（5）：345–347.

［173］Headey B，Muffels R，Wooden M . Money Does not Buy Happiness：Or Does It? A Reassessment Based on the Combined Effects of Wealth，Income and Consumption［J］. Social Indicators Research，2008，87（1）：65–82.

［174］Heaton J C，Lucas D J.Portfolio Choice and Asset Prices：The Importance of Entrepreneurial Risk［J］. The Journal of Finance，2000，55（3）：1163–1198.

［175］Huang J，Wu S，Deng S.Relative Income，Relative Assets，and Happiness in Urban China［J］. Social Indicators Research，2016，126（3）：971–985.

［176］Hu S，Gong D. Economic policy uncertainty，prudential regulation and bank lending［J］. Finance Research Letters，2019，29：373–378.

［177］Jagannathan R，Kocherlakota N R . Why should older people invest less in stocks than younger people?［J］. Quarterly Review，1996，20（3）：11–23.

［178］Jiang S, Lu M, Sato H . Identity, Inequality, and Happiness: Evidence from Urban China ［J］. World Development, 2012, 40（6）: 1190–1200.

［179］Kahneman D & Tversky K A . Prospect Theory: An Analysis of Decision under Risk ［J］. Econometrica, 1979, 47（2）: 263–292.

［180］Kang W, Lee K, Ratti R A .Economic policy uncertainty and firm–level investment ［J］. Journal of Macroeconomics, 2014, 39: 42–53.

［181］Karnizova L, Li J. Economic policy uncertainty, financial markets and probability of US recessions［J］. Economics Letters, 2014, 125（2）: 261–265.

［182］Knight F H. Risk, Uncertainty and Profit ［J］. Social Science Electronic Publishing, 1921 （4）: 682– 690.

［183］Knight J, Gunatilaka R . Income, aspirations and the Hedonic Treadmill in a poor society［J］. Journal of Economic Behavior & Organization, 2012, 82（1）: 67–81.

［184］Knight J, Song L, Gunatilaka R . Subjective well–being and its determinants in rural China ［J］. China Economic Review, 2009, 20（4）: 635–649.

［185］Ko J H, Lee C M . International economic policy uncertainty and stock prices: Wavelet approach ［J］. Economics Letters, 2015, 134: 118–122.

［186］Kraus A, Litzenberger R H . Market Equilibrium in a Multiperiod State Preference Model with Logarithmic Utility ［J］. The Journal of Finance, 1975, 30（5）: 1213–1227.

［187］Kreidl M . Perceptions of Poverty and Wealth in Western and Post–Communist Countries［J］. Social Justice Research, 2000, 13（2）: 151–176.

［188］Leduc S, Liu Z. Uncertainty shocks are aggregate demand shocks ［J］. Journal of Monetary Economics, 2016, 82: 20–35.

［189］Leigh A K, Wolfers J . Happiness and the Human Development Index: Australia Is Not a Paradox ［J］. Australian Economic Review, 2006, 39（2）: 176–184.

［190］Leland H E.Saving and Uncertainty: The Precautionary Demand for Saving ［J］. Quarterly Journal of Economics, 1968, 82（3）: 465–473.

［191］Letendre M A, Smith G W.Precautionary saving and portfolio allocation: DP by GMM ［J］. Journal of Monetary Economics, 2001, 48（1）: 197–215.

［192］Li J, Li H, Gan L.Household Assets, Debts and Happiness: An Explanation to "Happiness–Income" Puzzle ［J］.Nankai Economic Studies, 2015（05）: 3–23.

［193］Liu L, Zhang T . Economic policy uncertainty and stock market volatility ［J］. Finance Research Letters, 2015, 15: 99–105.

［194］Loewenstein G, Rabin T O . Projection Bias in Predicting Future Utility ［J］. The Quarterly Journal of Economics, 2003, 118（4）: 1209–1248.

［195］Lucas R E .Asset Prices in an Exchange Economy ［J］. Econometrica, 1978, 46（6）: 1429– 1445.

［196］Lucas R E .Expectations and the neutrality of money［J］. Journal of Economic Theory, 1972, 4（2）: 103–124.

［197］Luttmer E F P . Neighbors as Negatives: Relative Earnings and Well–Being［J］. Quarterly Journal of Economics, 2005, 120（3）: 963–1002.

［198］Macculloch R, Di Tella R, Oswald A J.Preferences over Inflation and Unemployment: Evidence from Surveys of Happiness［J］. American Economic Review, 2001, 91（1）: 335–341.

［199］Mackerron G .Happiness Economics From 35 000 Feet［J］. Journal of Economic Surveys, 2012, 26（4）: 705–735.

［200］Maki D M, Palumbo M G . Disentangling the wealth effect: a cohort analysis of household saving in the 1990s［J］. Finance & Economics Discussion, 2001.

［201］Markowitz H. Portfolio Selection［J］. The Journal of Finance, 1952, 7（1）: 77–91.

［202］Mian A, Rao K, Sufi A . Household Balance Sheets, Consumption, and the Economic Slump［J］. The Quarterly Journal of Economics, 2013, 128（4）: 1687–1726.

［203］Merton R C. Lifetime Portfolio Selection under Uncertainty: The Continuous–Time Case［J］. Review of Economics & Statistics, 1969, 51（3）: 247–257.

［204］Merton R C. Optimal Consumption and Portfolio Rules in a Continuous Time Model［J］. Journal of Economic Theory, 1971,（3）: 373–413.

［205］Michaelides H A . Portfolio Choice and Liquidity Constraints［J］. International Economic Review, 2003, 44（1）: 143–177.

［206］Modigliani F, Brumberg R . Utility Analysis and the Consumption Function: An Interpretation of Cross–Section Data［J］. Journal of Post Keynesian Economics, 1954, 6: 388–436.

［207］Modigliani F, Cao S L . The Chinese Saving Puzzle and the Life–Cycle Hypothesis［J］. Journal of Economic Literature, 2004, 42（1）: 145–170.

［208］Muth, J F. Rational expectations and the theory of price movements［J］. Econometrica, 1961, 29（3）, 315–335.

［209］Myers D G .The funds, friends, and faith of happy people.［J］. American Psychologist, 2000, 55（1）: 56–67.

［210］Noll H H, Weick S. Consumption expenditures and subjective well–being: empirical evidence from Germany［J］. International Review of Economics, 2015, 62（2）: 101–119.

［211］Paiella M.The Stock Market, Housing and Consumer Spending: A Survey of the Evidence on Wealth Effects［J］. Journal of Economic Surveys, 2009, 23（5）: 947–973.

［212］Pastor L, Veronesi P. Uncertainty about Government Policy and Stock Prices［J］. Journal of Finance, 2012, 67（4）: 1219–1264.

［ 213 ］ Paul S, Guilbert D . Income－happiness paradox in Australia： Testing the theories of adaptation and social comparison［ J ］. Economic Modelling, 2013, 30： 900–910.

［ 214 ］ Paxson C . Borrowing Constraints and Portfolio Choice［ J ］. The Quarterly Journal of Economics, 1990, 105（ 2 ）： 535–543.

［ 215 ］ Peltonen T A, Sousa R M, Vansteenkiste I S . Wealth effects in emerging market economies［ J ］. International Review of Economics & Finance, 2012, 24（ 5 ）： 155–166.

［ 216 ］ Qiu J P. Precautionary Saving and Health Insurance： A Portfolio Choice Perspective［ J ］. Frontiers of Economics in China, 2016, 11（ 2 ）： 232–264.

［ 217 ］ Ram R . Government Spending and Happiness of the Population： Additional Evidence from Large Cross–Country Samples［ J ］.Public Choice, 2009, 138（ 3–4 ）： 483–490.

［ 218 ］ Rao Y, Mei L, Zhu R . Happiness and Stock–Market Participation： Empirical Evidence from China［ J ］. Journal of Happiness Studies, 2016, 17（ 1 ）： 271–293.

［ 219 ］ Rosen H S, Wu S.Portfolio choice and health status［ J ］. Journal of Financial Economics, 2004, 72（ 3 ）： 457–484

［ 220 ］ Sacks D W, Stevenson B, Wolfers J. Subjective Well–Being, Income, Economic Development and Growth［ J ］.2010, Social Science Electronic Publishing.

［ 221 ］ Sacks D W, Stevenson B, Wolfers J . The new stylized facts about income and subjective well–being［ J ］. Emotion, 2012, 12（ 6 ）： 1181–1187.

［ 222 ］ Samuelson P A . Lifetime Portfolio Selection By Dynamic Stochastic Programming［ J ］. The Review of Economics and Statistics, 1969, 51（ 3 ）： 239–246.

［ 223 ］ Sargent T J, Wallace N . Rational expectations and the theory of economic policy［ J ］. Journal of Monetary Economics, 1976, 2（ 2 ）： 169–183.

［ 224 ］ Senik C . When Information Dominates Comparison. Learning from Russian Subjective Panel Data［ J ］. Journal of Public Economics, 2004, 88（ 9 ）： 2099–2123.

［ 225 ］ Shiller R J . Conversation, Information, and Herd Behavior［ J ］. American Economic Review, 1995, 85（ 2 ）： 181–185.

［ 226 ］ Shum P, Faig M. What explains household stock holdings?［ J ］. Journal of Banking & Finance, 2006, 30（ 9 ）： 2579–2597.

［ 227 ］ Smyth R, Zhai Q, Li X . The impact of gender differences on determinants of job satisfaction among Chinese off－farm migrants in Jiangsu［ J ］. Journal of Chinese Economic and Business Studies, 2009, 7（ 3 ）： 363–380.

［ 228 ］ Stevenson B, Wolfers J. Economic Growth and Subjective Well–Being： Reassessing the Easterlin Paradox［ J ］. Brookings Papers on Economic Activity, 2008（ 1 ）： 88–102.

［ 229 ］ Stock J H, Watson M W. Disentangling the Channels of the 2007–09 Recession［ J ］. Nber Working Papers, 2012, 44（ 1 ）： 81–156.

［ 230 ］ Stone A A, Schwartz J E, Broderick J E, et al. A snapshot of the age distribution of psychological well–being in the United States［J］. Proceedings of the National Academy of Sciences, 2010, 107（22）: 9985–9990.

［231］Tay L, Batz C, Parrigon S, et al. Debt and Subjective Well–being: The Other Side of the Income–Happiness Coin［J］. Journal of Happiness Studies, 2017, 18（3）: 903–937.

［232］Tella R D, Oswald M C J . Preferences over Inflation and Unemployment: Evidence from Surveys of Happiness［J］.American Economic Review, 2001, 91（1）: 335–341.

［233］Thaler R H . Behavioral Economics: Past, Present, and Future［J］. American Economic Review, 2016, 106（7）: 1577–1600.

［234］Tian G, Yang L.A Solution to the Happiness–Income Puzzle: Theory and Evidence［J］. Economic Research Journal, 2006（11）: 4–15.

［235］Tsui H C . What affects happiness: Absolute income, relative income or expected income? ［J］. Journal of Policy Modeling, 2014, 36（6）: 994–1007.

［236］Tobin J . Liquidity Preference as Behavior Towards Risk［J］. The Review of Economic Studies, 1958, 25（2）: 65–86.

［237］Veenhoven R.Is happiness relative?［J］. Social Indicators Research, 1991, 24（1）: 1–34.

［238］Veenhoven R, Hagerty M . Rising Happiness in Nations 1946 – 2004: A Reply to Easterlin ［J］. Social Indicators Research, 2006, 79（3）: 421–436.

［239］Viceira L M . Optimal Portfolio Choice for Long - Horizon Investors with Nontradable Labor Income［J］. The Journal of Finance, 2001, 56（2）: 38.

［240］Vissing–Jorgensen A.Towards an Explanation of Household Portfolio Choice Heterogeneity: Nonfinancial Income and Participation Cost Structures［J］.NBER Working Papers, 2002.

［241］Wachter J A, Yogo M . Why Do Household Portfolio Shares Rise in Wealth?［J］. Review of Financial Studies, 2010, 23（11）: 3929–3965.

［242］Wang H, Cheng Z, Smyth R. Does Consuming More Make You Happier? Evidence from Chinese Panel Data［J］.2015, Social Science Electronic Publishing.

［243］Wang Y Z, Chen C R, Huang Y S.Economic policy uncertainty and corporate investment: Evidence from China［J］.Pacific–Basin Finance Journal, 2014, 26: 227–243.

［244］Wilson T D, Gilbert D T . Affective Forecasting. Knowing What to Want［J］. Current Directions in Psychological Science, 2005, 14（3）: 131–134.

［245］Wu X G.Income Inequality and Distributive Justice: A Comparative Analysis of Mainland China and Hong Kong［J］. The China Quarterly, 2009,（200）: 1033–1052.

［246］Yao R & Zhang H H.Optimal Consumption and Portfolio Choices with Risky Housing and Borrowing Constraints［J］. Review of Financial Studies, 2005, 18（1）: 197–239.

［247］Yilmazer T, Lich S. Portfolio choice and risk attitudes: a household bargaining approach ［J］. Review of Economics of the Household, 2013, 13（2）: 219–241.

［248］You W, Guo Y, Zhu H, et al.Oil price shocks, economic policy uncertainty and industry stock returns in China: Asymmetric effects with quantile regression [J]. Energy Economics, 2017, 68: 1–18.

[249] Zhang D, Lei L, Ji Q, et al. Economic policy uncertainty in the US and China and their impact on the global markets [J]. Economic Modelling, : 2019, 79: 47–56.

[250] Zhang G, Han J, Pan Z, et al. Economic Policy Uncertainty and Capital: Structure Choice Evidence from China [J]. Economic Systems, 2015, 39 (3): 439–457.

[251] Zhang J, Xiong Y . Effects of multifaceted consumption on happiness in life: a case study in Japan based on an integrated approach [J]. International Review of Economics, 2015, 62 (2): 143–162.

[252] Zimmermann A C & Easterlin R A . Happily Ever after? Cohabitation, Marriage, Divorce, and Happiness in Germany [J]. Population and Development Review, 2006, 32 (3): 511–528.

[253] Zimmermann S.The Pursuit of Subjective Well–Being through Specific Consumption Choice [J]. Social Science Electronic Publishing, 2014.